分瓣式结构磁性液体密封计算机仿真研究

张惠涛　孙敬武　著

U0253898

中国原子能出版社

图书在版编目（CIP）数据

　分瓣式结构磁性液体密封计算机仿真研究 / 张惠涛,
孙敬武著. -- 北京：中国原子能出版社, 2023.5
　　ISBN 978-7-5221-2730-9

　　Ⅰ.①分… Ⅱ.①张… ②孙… Ⅲ.①计算机仿真 –
应用 – 磁流体 – 机械密封 – 密封胶 – 研究 Ⅳ.
①TH136–39

　中国国家版本馆CIP数据核字(2023)第100821号

分瓣式结构磁性液体密封计算机仿真研究

出版发行	中国原子能出版社（北京市海淀区阜成路43号　100048）
责任编辑	白皎玮
装帧设计	河北优盛文化传播有限公司
责任印制	赵　明
印　　刷	北京天恒嘉业印刷有限公司
开　　本	710 mm×1000 mm　1/16
印　　张	16.25
字　　数	290千字
版　　次	2023年5月第1版　　2023年5月第1次印刷
书　　号	ISBN 978-7-5221-2730-9　　定　价　88.00元

前　言

　　磁性液体密封技术在航空、航天等应用领域能够很好地解决动密封条件下密封介质与转动轴之间的密封问题，但密封装置所在旋转轴的轴端连接设备复杂、装拆不方便，甚至不允许拆装，又想利用磁性液体密封的零泄漏、长寿命、无污染等优点，于是研制了一种新型的分瓣式磁性液体密封结构。

　　将磁性液体密封装置设计成分瓣结构，能够很好地解决密封装置的更换问题，同时，也带来了难以解决的密封问题，特别是极靴分瓣处与轴间隙位置的密封问题和极靴分瓣处与外壳分瓣处交接位置的密封问题。

　　第一个密封问题，当采用普通胶粘接分瓣式极靴时，该粘接面类似于一层很薄但宽度为极靴高度的隔磁环，磁场很难穿过该区域集中在极齿间隙处，导致磁性液体很难集中在极齿周围以形成类似密封圈的圆环。而磁性密封胶具有磁性，其磁导率相当于普通胶的3～5倍，提高了分瓣式极靴粘接面的导磁性，极大地增强了极齿周围的磁场强度，有利于磁性液体旋转轴密封，能够解决分瓣式极靴的密封难题。

　　第二个密封问题，采用磁性密封胶密封，分瓣式外壳磁性密封胶在固化前为非牛顿流体状态，能够在磁场的作用下吸附在极靴与分瓣式外壳交接处，固化后能够和极靴的径向密封装置无缝连接，解决分瓣式外壳的密封难题。

　　本书即针对解决分瓣式密封装置的密封难题围绕以下四个方面展开研究：（1）密封耐压性能理论分析；（2）分瓣式密封装置的设计，如分瓣式外壳结合面的磁路设计、分瓣式极靴的极齿设计等；（3）基于极靴分瓣轴间隙内磁场强度的仿真分析；（4）密封介质对分瓣式密封装置耐压性能的影响，如采用普通胶、磁性胶等。

修订了基于极靴分瓣情况下的轴间隙内的磁通量计算公式。

$$\phi = \frac{F}{R} = \frac{F}{l/U_cS} = \frac{F}{l/U_oU_rS}$$

通过编写 ANSYS 运行程序实现分瓣式结构磁场有限元分析，仿真研究发现，采用磁性密封胶粘接分瓣式极靴情况下，极靴与旋转轴间磁感应强度磁场梯度差值低于完整极靴，但高于采用普通胶粘接，能够提高分瓣式结构的密封耐压性能。

通过设计实验研究发现：采用磁性密封胶粘接分瓣式极靴情况下，静密封耐压性能达到 1.6 atm，动密封耐压性能仅达到 0.8 atm。

本书在拓展磁性液体密封的应用领域方面起到了抛砖引玉的作用，本书的出版，希望将磁性液体密封的优势拓展到民用产品，为提高人民的生活水平做出微薄贡献。

目 录

1 绪论

1.1 引言

随着新型科技的飞速发展，磁性液体旋转轴密封技术由于零泄漏、长寿命、密封时间长等优点越来越被广泛应用于电力、船舶、航空航天等领域的装置上。然而，工作条件不同和环境变化以及工作过程中轴承存在着摩擦磨损，而造成损坏导致密封失效，由于穿套在旋转轴上的磁性液体密封装置，其基体外壳为整体闭合环形，拆卸维修或更换时需要轴一端的配合件也随之拆卸，工程量大、时间长、费用高。为此，自20世纪90年代初就有人开始进行结构简单、维修方便的分瓣式机械密封研究，但至今少有应用。本文作者既采用磁性液体轴密封技术，又兼顾由于轴承摩擦损坏而易于拆卸维修更换等问题，研发了一种分瓣式磁性密封胶密封结构，内部轴密封采用磁性液体密封技术，保留了磁性液体密封的零泄漏、无污染等优点，外壳和极靴采用分瓣式结构，并且研制了一种磁性密封胶，使其在外界磁场的作用下更好的密封分瓣式壳体结构，旨在寻找分瓣式密封技术的发展方向，为这一技术获得安全可靠的工程应用与推广提供借鉴。

1.2 研究的背景及意义

在航空、航天等应用领域经常遇到密封所在旋转轴的轴端连接设备复杂、装拆不方便，甚至不允许拆装的情况，磁性液体密封技术能够很好的解决动密封条件下密封介质与转动轴之间的密封问题，但传统的磁性液体密封装置均为整体结构，在装配密封装置的过程中，需要先在设备的轴端装入密封装置，然后再将设备轴端与复杂的设备相连接。这样，整个装配过程会消耗大量时间，严重影响生产过程，尤其是当磁性液体密封失效需要更换，而设备的轴端已经和复杂的设备连接好，不便或不允许拆装时，给磁性液体密封装置的更换带来了诸多不便，并且造成巨大的经济损失。如船舰，其电机的额定功率非常高，发热量也非常大，采取氟利昂冷却介质是有效的措施，但氟利昂会对大气臭氧层构成威胁，进而给人类的生存环境带来危害，要密封氟利昂气体有以下几个问题，由于船舰的轴径较大，运行环境恶劣，并且经常有比较强烈地振动，即要求零泄漏、长寿命，又要求易于拆卸、维修，传统的磁性液体密封装置能够满足零泄漏、长寿命的轴密封优点，但不宜于拆卸和维修，为了解决这一问题，本书研制开发了一种分瓣式磁性密封胶密封结构，并且研制了一种磁性密封胶，用于解决外部两瓣壳体的平面密封问题及外壳与内轴结构的轴向密封问题。

　　分瓣式磁性密封胶密封结构内部采用的是磁性液体旋转轴密封，而磁性液体旋转轴密封技术已经相当成熟，并且越来越广泛地应用于各种密封领域。李德才、杨小龙、何新智等研究了大间隙下磁性液体旋转密封理论。李德才、何新智对磁性液体的密封原理以及耐压公式进行了推导。杨小龙、李德才设计了多级磁源磁性液体密封结构，提高了耐压能力。磁性液体密封结构因与轴为一体造成了更换、维修和调试的难度，2007 年 Boyson 提出了剖分式密封技术应用于离心流体装置中的可靠性问题。孟祥前对分瓣式磁性液体密封进行了初步研究，仅对密封装置外壳剖分，设计剖分外壳接触面为简单平面结构，采用普通密封胶密封分瓣式结构外壳，并测试了该平面的抗压性能，该结构的设计存在如外壳轴心不容易对称、密封可靠性不高、极靴不分瓣带来的拆卸维修问题等。

　　根据磁性液体密封的应用经验：磁性液体密封失效最主要的原因是由轴承损坏导致的。分瓣式轴承具有拆装方便、摩擦力矩小等优点，将分瓣式轴承应用于分瓣式磁性液体密封，将外壳做成分瓣式结构，极靴为整体结构，当分瓣式密封装置轴承损坏时，容易更换轴承，避免了分瓣式极靴轴心对称难题及极齿对齐难题，该分瓣式密封结构如图 1-1 所示。

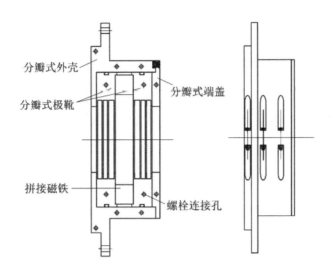

图 1-1　分瓣式磁性液体密封

本书在前人研究的基础上对分瓣式磁性密封胶密封作了进一步研究。

分瓣式结构磁性密封胶密封是将磁性液体旋转轴密封与外部平面密封相结合的一种密封结构，它兼顾了原有磁性液体密封的泄漏为零、没有污染、可靠性强、寿命长、可恢复、结构简单、使用方便，有抗偏心振动、结构自适应等优势，既解决了传统密封技术如垫片密封、机械密封、填料密封和迷宫密封等在动密封条件下的摩擦磨损问题，又解决了针对大型轴设备密封件不易拆卸、维修等问题，具有很好的实用价值和经济价值。

分瓣式密封结构有其实用价值和经济价值，但也引出了几个问题亟待研究，特别是分瓣式外壳间隙处与内部极靴接触点处的密封成为解决泄漏问题的瓶颈，如图 1-2 所示中 A 点所示。

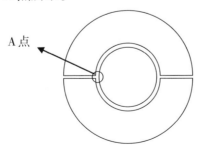

图 1-2　分瓣式密封泄漏瓶颈点

关于分瓣式外壳结合面处的密封有多种措施，最开始采用的是垫片密封，垫片密封对于径向上的密封有很好的作用，但该结构存在一个弊端就是在结合面接缝处即图 1-2 中标注的 A 点位置会出现微小轴向缝隙而产生泄漏。采用普通密封胶密封结合面也存在弊端，涂胶过程中容易出现操作引起的涂抹不均而造成的局部出现泄漏通道，不能很好解决密封瓶颈点问题，而且在涂胶受挤压后容易进入到装置内部，还可能进入非密封结合面区域，使壳体内孔变为椭圆，而造成密封失效。

采用磁性密封胶密封结合面的分瓣式结构磁流体密封装置，该结构能够克服普通密封胶的缺点，因为磁性密封胶在固化前为非牛顿流体状态，在磁场的作用下吸附在图 1-2 中标注的 A 点位置周围，能够和内部极靴的径向密封装置无缝连接，很好的解决了密封瓶颈点问题。针对该设计思想，为了更清晰地阐述采用磁性密封胶密封分瓣式结构的目的和意义，设计了简易磁性密封胶密封结构，如图 1-3 所示。

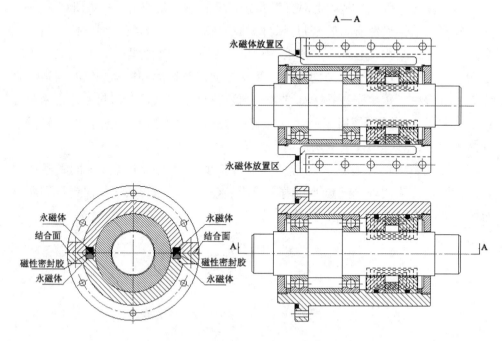

图 1-3　分瓣式结构的磁流体密封装置（采用磁性密封胶密封结合面）

图 1-3 为采用磁性密封胶密封结合面的分瓣式结构的磁流体密封装置，该结构内部为磁性液体旋转轴密封，外部结合面处为磁性密封胶密封，在分瓣式

外壳结合平面处开一个凹槽，将磁铁放置在凹槽内，磁性密封胶在磁场的作用下吸附在泄漏瓶颈点处，解决了普通密封胶瓶颈点泄漏问题。

磁性胶利用其磁粘特性，已经应用到如医学、机械密封、机器人攀爬、材料修复等方面，但鲜有报道采用磁性胶密封非闭合平面的文献，针对两瓣壳体的平面密封问题也鲜有人研究，本书创造性的研制了一种磁性密封胶，并且设计了一种具有磁路的平面密封结构，增强分瓣式外壳密封间隙处的磁场梯度，使得磁性密封胶既能够在磁场的作用下，吸附在密封间隙处，降低了由于使用工艺中造成的密封胶与两瓣壳体间接触形成气泡等造成密封泄漏问题，又具有密封胶的黏性，很好的解决了外部两瓣壳体的平面密封抗压问题及外壳与内轴结构的轴向密封问题。

1.3 磁性液体轴密封国内外研究现状

1.3.1 磁性液体研究现状

由于分瓣式结构磁性密封胶密封是将磁性液体旋转轴密封与外部平面密封相结合的一种密封结构，所以有必要了解磁性液体的研究以及磁性液体密封技术的研究现状。

纳米磁性液体简称纳米磁流体，它是由单分子层（2 nm）表面活性剂包覆的，直径小于10 nm的单畴磁性颗粒高度弥散于某种载液中而形成的稳定"固液"两相胶体溶液。微粒与载液通过表面活性剂混成的磁性液体即使在重力场、电场、磁场作用下也能长期稳定地存在，不产生沉淀与分离，具有非常好的实用性。磁性液体的组成如图1-4所示。

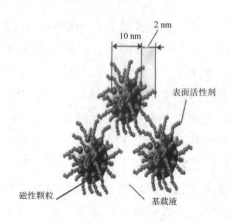

图 1-4　磁性液体的组成

　　磁性液体具有如下特殊物理特性。

　　磁性液体具有磁化特性：当粒子尺寸足够小时，磁性液体就已经稳定，当铁磁粒子的尺寸小于某临界值时，该临界值尺寸一般为数十纳米量级，粒子就是单畴结构，而磁性液体中的磁性颗粒尺寸符合这个量级，所以磁性液体中所有粒子都能够认为是单畴结构，且不管某些粒子磁化强度的铁磁性质，作为无相互作用粒子的总体，必然呈现超顺磁性。

　　磁性液体具有声学特性：超声波在磁性液体中的传播速度及衰减量与外加磁场强度有关，且在外磁场作用下发生变化，超声波在磁性液体中的传播显示各向异性。

　　磁性液体具有光学特性：当光波在磁性液体中传播时，会产生光的法拉第旋转、双折射效应、二向色性现象，通过改变外加磁场，使得光波在磁性液体中的传播显示各向异性。

　　磁性液体具有黏度特性：当无外磁场时，在稳定的磁性液体中，磁性粒子之间的相互作用可以忽略，即不存在磁相互作用，黏度与流体力学粒子浓度的关系和非磁性粒子悬浮液的关系相一致。当磁性液体受到外磁场作用时，磁性粒子受到力矩的作用转动的速度改变了，产生了粒子和流体间的摩擦，而改变了磁性液体的黏度。磁性液体的黏度除了受到磁场力的影响外，还受到外界温度的影响。

　　磁性液体的应用基础是它可以被控制、定位、定向与移动，即通过控制它的流变性，调节它在使用中的磁力强度、流动方向、磁性材料颗粒的聚集形式和浓度，从而能改善一些领域内现有的产品结构、制造工艺和使用性能。由于磁性液体在磁场中所具有的特殊理化性质，决定了磁性液体应用的广泛性，根据它的"物性变化"，可以研究压力、流量、磁力等传感器；根据它的"保持作用"，可以研究密封润滑、阻尼散热、负载保持等；根据它的"流体运动"特性，应用范围逐年拓宽，目前已扩展到航天、航空、电子、化工、机械、冶金、仪表、环保、医疗等各个领域，美国、日本、英国等均已进入实用化生产阶段。

磁性液体的应用有很多，本书仅举几个应用比较广泛的例子来说明磁性液体的应用。

磁性液体是一种新型的润滑剂，通过外加磁场力的作用使磁性液体保持在润滑部位，当轴承转动时，磁性液体在磁场力的作用下可以抵消重力和向心力的影响，并且实现不泄漏、阻止外界污染物进入等作用。磁性液体润滑轴承除了具有一般轴承承载能力大、使用寿命长等特点外，还不存在端泄，这是普通轴承不具有的特点，所以磁性液体润滑轴承不需要供应系统。

利用磁性液体作为旋转与线性阻尼器，以阻尼不需要的系统振荡模式。磁性液体阻尼器常见的有两种形式，一种是惯性阻尼器，即在一个非磁性的轻金属壳内，放置永久磁铁，并且在壳体内充满磁性液体，永久磁铁悬浮于磁性液体中心位置，其原理类似于磁性液体沉浮分离原理，区别是这里的磁场是由永久磁铁本身提供的，当永久磁铁做往复运动时，永久磁铁接近壳体上部或底部的时候磁场梯度增强，永久磁铁同时受到浮力和重力的作用相平衡而悬浮在中心位置，从而产生阻尼作用。另一种磁性液体的阻尼形式是在高速旋转的支承系统中，如将磁性液体用于挤压模减振中，磁性液体的黏性和浮力都将在强磁场梯度下做出一定贡献。

利用磁性液体的声音特性制作扬声器，当扬声器工作时，在扬声器通过声音很小的缝隙内加入磁性液体，磁性液体在外部磁场的作用下能够精密地阻尼扬声器，平滑频响曲线，并且磁性液体的导热系数远远高于空气的导热系数，可显著改善导热性能，磁性液体的润滑特性可以降低由于摩擦产生的音响失真，提高声音的保真度。

磁性液体在生物医学领域中的应用也越来越受到重视，比如靶向给药，即通过磁性靶向给药系统对肿瘤部位进行治疗，并将药物通过合适的磁性材料配成磁性药物，在外界磁场的作用下，导引磁性药物沿血管移动到肿瘤组织，能够使得药物最大限度的发挥效用。

　　许多学者对磁性液体研究做出了突出贡献。Berkowitz、Lahut、Vanburen 通过使用载体流体和表面活性剂在球磨机中研磨较粗的粉末来制造磁铁矿，镍铁氧体和钴铁氧体的非常细小的颗粒。通过化学分析，电子显微镜，X 射线衍射，磁性测量和 M 枚 ssbauer 光谱法检测颗粒，发现在一些系统中，大部分自旋被固定在极高的各向异性场中，当表面活性剂涂层存在时，存在异常的磁滞行为。Agrawal 讨论了在存在外部施加的磁场的情况下用磁性流体润滑的多孔倾斜滑动轴承，磁性液体型多孔倾斜滑动轴承的承载能力大于黏性多孔倾斜滑动轴承的承载能力。Bacri、Cebers、Bourdon 等人对纳米级磁性颗粒进行实验发现，瞬态光栅的弛豫时间与特征波矢量的平方成反比，即与粒子的协同扩散系数成反比。Mitsumata、Ikeda、Gong 等人研究了凝胶磁性液体的磁性和压缩模量，其场强模量远高于无场模，且模量的平均变化随着磁场的增加而增加。卜胜利通过实验研究磁性液体研磨的可调谐衍射性质，发现将零级衍射光的能量转移到高阶衍射光的能量是明显的。Ota、Yamada、Takemura 等人研究了测量不同浓度的磁性液体粒子的磁滞回线，由于偶极与偶极相互作用抑制旋转磁矩，较低浓度的磁性液体粒子布朗氏弛豫时间变短，磁矩可以自由的旋转。Rabinow 研制了一种新型的磁性液体并且将其应用到磁性离合器中。Rosensweig 研究了交变磁场作用下的磁性液体加热状态下，其功率耗散的计算。

　　目前，磁性液体的快速制备、机理分析、性能研究及其开发应用已经成为国内外材料科学家关注的热点领域之一，课题组针对这一前沿领域，以国家基金、北京市基金、北京交通大学校基金为依托，解决了现有磁性液体加速度传感器重量重、量程短，长期使用存在磁铁退磁使传感器失效，长时间不工作磁性颗粒凝聚导致传感器稳定性下降问题研发了一种磁性液体加速度传感器，专利公布号为 103149384；发明了一种提高磁性液体微压差传感器灵敏度的方法，其专利公布号为 103175650；研制了能够提高密封耐压能力的磁性液体，其专利号为 102042412；研制了一种有其适用于军工雷达旋转关节、坦克周视镜、空间站舷窗和登月缓冲装置等军工和航空航天领域的全氟聚醚油基磁性液体，其专利公布号为 103680799；研制了一种解决现有磁性液体阻尼减震器在外界振幅大于壳体与永久磁铁之间间隔时永久磁铁和壳体内壁发生碰撞，造成减震器使用寿命下降，影响减震性能问题的磁性液体阻尼减震器，其专利公布号为 103122960；纳米磁性液体的磁、光、悬浮等奇异特性，研究其在机械密封、摩擦润滑、传感定位等不同领域的应用开发。

1.3.2 磁性液体密封技术研究现状

分瓣式外壳内部仍然采用磁性液体旋转轴密封,有必要研究磁性液体密封技术的现状。磁性液体密封技术是磁性液体典型应用,它是通过磁铁、极靴、磁性液体、导磁轴、极靴形成磁回路,通过磁场力的作用,将磁性液体吸附到轴上,实现密封的作用,特别是能够有效的解决轴旋转密封泄漏问题。其工作原理如图 1–5 所示。

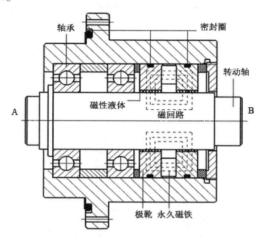

图 1–5　磁性液体密封原理图

磁性液体密封与传统密封相比具有如下优势。

（1）严密的密封性

在静态和动态试验中,包围着轴的磁性液体能够对气体及其他污染物形成严密的密封,被密封的介质的泄漏率在极限为 1×10^{-11}（Pa·m³）/s 标准的氦气质谱检漏仪下未能测出,通常人们称磁性液体为零泄漏。

（2）长寿命

磁性液体具有低的黏性摩擦,因为磁性液体与轴之间的摩擦为液体与固体之间的摩擦,远远低于固体与固体之间的摩擦,它不依赖于通过密封所加的压力,运转平稳,一般情况下,密封件能够工作 10 年以上。

（3）没有污染

因为没有机械磨损,磁性液体密封不会产生污染系统的粒子,甚至在高真空下也不会产生污染,仍能维持其密封的完整性。

（4）能承受高转速

目前磁性液体密封技术能够在轴转速超过 30 000 r/min 下工作，且工作性能良好。

（5）自修复能力强

当磁性液体密封失效时，即密封压差超过磁性液体密封件能够承受的压差时，密封介质冲破"磁性密封圈"，并带走一部分磁性液体，当密封压差降到密封件能够承受的压差时，剩余的磁性液体在磁场力作用下自动修复，恢复密封能力。

磁性液体在多个领域都有很好的应用，为研究磁性液体密封技术奠定了基础。1951 年，Razdowitz 为了解决航空雷达同心引线接头的转动密封提出了磁性液体密封概念。如图 1-6 所示。

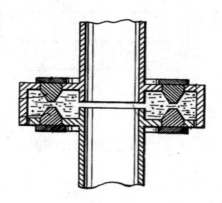

图 1-6　最早提出雷达同心线接头磁性液体密封结构

磁性液体密封的真正的实际性应用是到了 1964 年，美国首先非常成功的用磁性液体解决了宇航服可动部分的真空密封以及处在失重状态下的宇宙飞船液体燃料的固定问题。1964 年，Rosensweig 撰写了一篇题为 Ferrohydrodynamics 的专著，奠定了铁磁流体力学和铁磁流体热力学的理论基础。1965 年，Pappell 获得世界上第一个具有试用意义的制备磁性液体的专利。磁性液体问世后的短短几年，它就走出实验室，开始应用于科学实验和工艺装置中。自 20 世纪 60 年代末期以来，美国、日本、苏联、英国等国家相继开展了磁性液体技术的研究。我国也于 20 世纪 70 年代末期开始磁性液体及其应用技术的研究。

1986 年，Sato 提出了一种多级磁源磁性液体密封装置。该种密封装置是一种通过增加磁路磁能积的方法提高磁性液体密封耐压能力的密封装置。该密封装置的优点是采用多级的磁源，且装配时相邻永磁体的极性相反。因此，与单级永磁体多级极齿的磁性液体密封结构相比，该种密封方式的磁路显著增多，磁路中的磁能也显著增强，不仅适用于小间隙，也适用于大间隙条件下的泄漏介质的密封，是一种提高磁性液体密封耐压能力的有效方法，该种密封结构如图1-7所示。

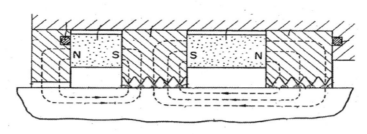

图 1-7　多级磁源磁性液体密封结构

1991 年，Takahashi 研制了一种用于磁盘驱动器的磁流体密封装置。如图1-8所示。

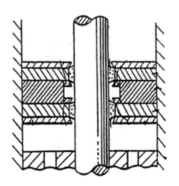

图 1-8　用于磁盘驱动器的磁流体密封装置

1993 年，Yokouchi 研制了一种轴表面及极靴表面覆盖油层情况下的磁性液体密封装置。如图1-9所示。

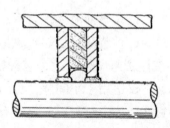

图 1-9　抵御油层磁性液体密封装置

1999 年，Hirohisa Ishizaki 研制开发了一种用于在轴高速旋转影响下防止磁性液体流出或飞溅的密封装置，防止环境污染。如图 1-10 所示。

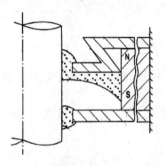

图 1-10　防止磁性液体流出的密封装置

2011 年，Yasuyuki Shimazaki 研制开发了一种磁性液体密封装置，将磁铁嵌入外旋转轴的轴承孔内，在外转轴的外周面和内外周面上形成外磁路和内磁路，使得旋转轴都能够旋转，并且能够达到密封的效果，还可以减小尺寸，减少零件数量。如图 1-11 所示。

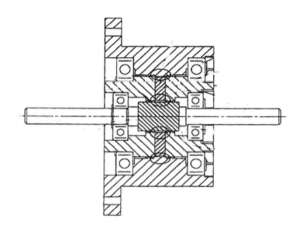

图 1-11 双轴旋转的磁性液体密封装置结构

国内对磁性液体密封技术的研究始于 20 世纪 70 年代末，虽然相对于西方国家较晚，但经过数十年的潜心研究和探索也已取得较快地发展。1990 年，邹继斌根据黏性流体运动方程求出轴旋转时磁性流体内的压强分布，并通过数值计算分析了离心力对密封压差的影响。1995 年，张世伟通过计算、比较转轴在同心和偏心时的间隙特征场强，得出获得耐压最大值的最佳间隙值。2003 年，张金升磁性液体在动密封方面的应用的重要性，并且综述了目前磁性液体密封存在的问题，指出了创新方向。2005 年，李德才研究了极靴齿形对密封性能的影响，并通过计算，实验验证了间隙中最大磁感应强度下的齿形。2005 年，陈达畅通过实验和计算，提出了一种基于磁液表面张力的磁性液体密封模型，并推导了静密封耐压公式。

目前国内外的磁性液体密封研究多为这几种形式，磁性液体密封与双螺旋密封组合式密封，密封介质为液体的密封形式，高线速度的密封，分瓣式磁性液体密封等。

磁性液体密封与双螺旋密封组合式密封形式是源于结合磁性液体密封和双螺旋密封的优点，以摒弃磁性液体密封与双螺旋密封的缺点研制的。磁性液体密封耐压能力较低，多采用多级结构，理论计算其总的耐压能力等于各级极齿耐压能力之和，但实际耐压能力往往低于理论计算耐压能力，这是由于漏磁现象以及每级极齿分配的磁场强度分布不均匀导致的。传统的增加密封装置的极齿级数又受到极靴材料的限制，而提高磁性液体的饱和磁化强度又受到磁性液体本身黏度地制约，所以靠提高磁性液体的饱和磁化强度和改进密封装置的方式来提高其密封耐压能力有其局限性。双螺旋密封结构简单，耐压能力较高，但是在启动和停车阶段及低转速运行时，密封介质存在泄漏问题。组合磁性液体密封和双螺旋密封，将磁性液体固定在密封间隙内，形成磁性液体密封环，达到更加理想的密封目的。

　　密封介质为液体的密封形式存在两种问题，一个问题是被密封的介质不能与磁性液体溶解、反应等相互作用，在静密封的情况下，解决这个问题可以通过选择合适的基载液达到，另一个问题是密封装置往往都是动态密封，由于轴高速旋转，使得磁性液体和密封介质之间发生强烈扰动，两种液体混为一体，导致密封失效。目前密封介质为液体的密封成为了磁性液体密封研究中的一个热点，主要分为密封水和密封油两大类。国内外学者对密封水的研究较多，并且已经取得了一定成果，只是耐压能力以及密封时间上还不能达到理想效果。用磁性液体密封油是该领域的一大难题；通过合成新的基载液和新型表面活性剂，降低密封液体和被密封液体之间接触面的速度差，减少被密封液体的压差来提高磁性液体和被密封介质之间的界面稳定性，增强磁性液体在密封过程中与密封介质之间的抗扰动能力，提高磁性液体密封油的连续密封能力和密封耐压能力。

　　磁性液体高线速度的密封形式存在三个问题，其中磁性液体在密封装置高速旋转下带来的转动剪切力和离心力问题可以通过优化其密封结构，通过动力学模拟运算调整解决。而比较难解决的是磁性液体在高速旋转密封状态下带来的发热严重问题，当磁性液体密封部位的温度高于 80 ℃时，将导致的超顺磁特性消失，使得密封失效，需采取冷却措施，最常用的水冷形式有两种，即外壳上连接水冷循环系统和旋转轴上连接水冷循环系统，但是这都将使得在密封空间有限的情况下密封结构复杂，限制了磁性液体高限速度密封形式的应用领域，如何解决磁性液体的冷却问题是关键。

　　从查阅的国内外文献可以看出，对于整体式磁性液体静密封以及动密封技术的研究已经相对比较成熟。而将分瓣式平面密封与磁性液体轴旋转密封相结合的密封方式鲜有人报道，分瓣式磁性密封胶密封结构有广泛的应用前景，因此需要深入研究。

1.4 分瓣式结构磁性密封胶密封国内外研究现状

1.4.1 磁性密封胶研究现状

磁性密封胶既具有胶的黏性，又具有磁场可控的力学性能，在安全工程领域具有广阔的应用前景，如可以用作硬度可调的减震、减噪器件、密封件密封等方面。

通过查阅资料，磁性密封胶有如下应用场景，1976 年，以 Kanbara、Adaniya 为代表的学者提出了一种镀槽磁性密封胶，有效地防止熔融金属在镀槽的进料端泄漏，而在排放端处，涂层厚度或镀层的涂层重量受到控制，因此提供了水平线性涂层生产线，从而制成了厚钢带或板材的镀层，并且可以使用较厚的涂层。1998 年，Smith 将研制的磁性密封胶在电磁的刺激下修复复合材料。2000 年，Downes、Japp、Pierson 利用磁性胶磁性特性，通过底层磁力作用使得电子部件和芯片载体保持对准，改进 C4 芯片的组装方法。2001 年，Milne 通过施加相反极性磁场，将磁性元件从捕捉部分中排出，从而提高去除率。2004 年，Wegert、Cary 利用磁性胶的特性，提供了一种形成垫圈的方法。2006 年，Nagasawa、Nagaya、Ando 通过使用磁性胶开发沿墙壁和天花板移动的车。2008 年，Kassab、Navia 通过磁性胶限定导管，定位导管内的针和针线，通过针线，递送药物到目标点，提高了药物疗效。同年，Nagaya、Kubo、Yoshino 等学者通过使用磁性胶研制了一种能够攀爬垂直十字管道的机器人。2012 年，Lowy、Lowy 研制了一种可植入装置的磁性胶系统，该系统包括磁体，被配置为容纳磁体的外壳和位于外壳上的粘合层，用于将外壳粘附到患者身上。同年，Ross 研制了一种磁性密封胶衬垫施加器，将密封胶施加到多个金属盖上。

关于磁性密封胶，国外很早已有人研究，1976 年，Kanbara、Adaniya 提出了一种镀槽磁性密封胶，有效地防止熔融金属在镀槽的进料端泄漏，而在排放端处，涂层厚度或镀层的涂层重量受到控制，因此提供了水平线性涂层生产线，从而制成了厚钢带或板材的镀层，并且可以使用较厚的涂层。1987 年，Harrison 研制了一种磁性密封胶，要求磁性颗粒占总质量的 60% ～ 80%，磁性颗粒的尺寸小于 150 μm，当温度增加时，这种磁性密封胶能够填充不规则平面，做到无间隙密封。1988 年，Harrison 通过如下质量配比方法研制了一种磁性密封胶：约 8% 至约 15% 的石油树脂，0% 到 7% 增粘树脂，约 5% 至约 18% 的增塑剂，约 65% 至约 72% 磁性颗粒，约 5% 至约 15% 的环氧树脂，约 0.7% 至约 2% 的环氧固化剂。这种磁性密封胶当温度增高的时候，能够很好的密封带有油渍或者镀锌表面。1988 年，还是 Harrison 研制了一种如下组成的磁性密封胶：苯乙烯，磁性颗粒，增溶剂，发泡剂的，环氧树脂，环氧树脂固化剂。该种密封胶当温度增加时，能够使密封间隙扩张距离比原来的密封胶增加 10% ~ 40%，依然密封完好。

国内关于磁性胶的研究始于 20 世纪初，1987 年，哈尔滨风机厂赵勇研制了一种导磁胶，可用于工业电机槽楔，粘结电机和变压器芯片，可降低涡流损耗节约用电，还可用于铁氧体的固定、修补以及修补铸铁件的砂眼尺寸修复，在民用上可用于无线电半导体天线磁棒及电视机中铁磁原件的修补粘结等。2006 年，王银玲采用不同的弹性基体制备了聚合物基金属铁粒子复合材料，详细研究材料的制备方法、粒子和基体的界面关系、材料的微观结构等各种因素和材料的磁流变效应的关系，以实现对材料磁流变性能及其它性能的优化。2008 年，安晓英研制了一种摩擦系数和磨损率都较低的、具有强的矫顽力，可以补偿因密封件应力松弛而减小的密封压力的 NdFeB 磁性丁睛橡胶复合材料，有效的提高了密封性能和使用寿命。2013 年，游英才选用双酚 A 型环氧树脂 E-44 作为导磁胶基体，选用顺丁烯二酸酐作为固化剂，硅烷偶联剂 KH-550 作为分散剂与偶联剂，丙酮和乙二醇二缩水甘油醚作为体系的稀释剂，羰基铁粉作为导磁填料，制备了热固化耐高温导磁胶。2013 年，周辉以 FeSiB 非晶粉为填充粒子，以硅橡胶为基体材料，采用机械共混和精密铸压热成型方法制备了 FeSiB 非晶粉 / 硅橡胶柔性复合薄膜（简称"复合薄膜"），重点研究了复合薄膜在不同测试频率、不同压应力、不同非晶粉含量条件下的压磁特性以及复合薄膜的磁弹性能。2013 年，胡海波探索磁性胶态纳米粒子的磁诱导自组装机制以及基于磁诱导自组装技术制备功能化的光子晶体材料，通过超顺磁性胶态纳米粒子的快速磁诱导自组装和随后的自由基聚合反应，将一维链状光子晶体结构固定在聚丙烯酰胺乙二醇凝胶基体中制备了一种新型的光子晶体写字板。利用快速磁诱导自组装技术和自由基聚合反应，制备了高度稳定的，肉眼可视的自显示光子晶体湿度传感器。基于最近发展起来的磁诱导自组装技术，设计了一种新颖的、简单且低成本的制备具有双光子带隙异质结构的光子晶体的方法，并且最终达到了调制其光学衍射颜色的目的。基于磁诱导自组装技术和前期的工作基础，发展了一种新颖的隐形光子晶体印刷术。

2015 年，刘伟德研制了一种导磁性胶水，如图 1-12 所示。包含化学固化性胶水和磁性颗粒，其中磁性颗粒填充量大于 50%，磁性颗粒选用 DMR40 和 DMR95 粉末。化学固化性胶水选用的 3M 公司生产的 DP810 胶水，主要成分为丙烯酸酯。再加入低于 1% 的纳米分散剂，分散剂选用经过硅烷偶联剂处理后的，尺寸小于 10 nm 的二氧化硅粉末，以 2 r/s 均匀搅拌，混合 5 min 制备导磁性胶水。

图 1-12　导磁性胶水

从查阅的国内外文献可以看出：国内外均有对导磁胶的研究，但并没有针对导磁胶的磁性进行磁路设计以及通过对装置的尺寸模拟，寻找该装置的最佳尺寸作为参考。本书为了解决分瓣式结构磁性密封胶密封外壳的平面密封问题，为磁性密封胶设计了磁路，使得磁性密封胶在磁场力的作用下均匀的吸附在密封平面周围，并形成封闭的密封环，达到了更好的密封效果。

1.4.2　分瓣式密封结构研究现状

机械密封广泛应用于旋转轴动密封，性能稳定，因此在化工、石油、电力等领域装置上的应用较为广泛。机械密封在一般情况下属于接触式密封，其关键的密封部件会因为长期的摩擦磨损失效，进而导致密封失效，所以一直以来人们都通过各个方面来改进机械密封，延长机械密封的寿命。机械密封通常为整体式，一旦密封发生故障需要检修时，整体式机械密封装置拆卸麻烦、维修周期长，因此人们一直致力于研究开发剖分式机械密封，以求在不拆卸轴上零部件的情况下完成机械密封件的更换。而现有剖分式密封相对整体式密封在结构上保证密封的可靠性存在一些问题，从而难以满足工作环境对密封性能的要求，对在高压、高温、腐蚀工况下工作的大型反应釜更是如此。

早在 1999 年，李振环、朱宝良针对石油化工聚丙烯装置中闪蒸釜设备设计了一种分瓣式无油润滑密封装置结构，并且通过实验和实际应用考核，验证了该分瓣式密封结构装置的先进性。2004 年，许良弼等设计发明了一种可在水下 300 米深度以内潜艇上使用的防沙剖分式潜艇艉轴密封装置，潜艇艉轴管密封装置附属密封和机械主密封中国的气胎及静环设计成剖分式，便于在潜艇艉轴不抽出情况下更换。2009 年，马将发、王雅娟、徐润清发明了一种压缩效率高、密封效果好、成本低的垂直剖分式筒型压缩机。2009 年，孙见君通过对剖分式机械密封技术近 20 年发展状况的回顾与总结，发现剖分式机械密封之所以未能获得推广或只能应用于工作参数较低的场合，是因为缺乏对密封端面和分型面受热受压条件下变形与控制规律研究，以及分型面连接的紧密性分析，无法保证密封设计与运行的町靠性。他指出了今后一段时期剖分式机械密封理论研究、试验研究和应用研究的方向。2010 年，李树生设计发明了一种带芯 O 形圈整体剖分式机械密封装置，包括旋转密封组件和静止密封组件，达到了安装准确简单，维修方便，寿命长，密封性能好的效果。装置结构实用新型结构带芯 O 形圈结构如图 1-13 所示。

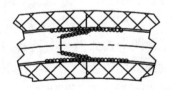

图 1-13　带芯 O 形圈结构图

2011 年，刘建红、徐卫平、邱召佩等发明了一种剖分式 V 形组合圈，该 V 形组合圈由三部分组成：剖分式支撑环、剖分式 V 形圈、剖分式压环。该剖分式结构 V 形组合圈安装更换方便，密封效果好。2013 年，张萌、郑建华、王基分析船舶艉轴机械密封存在的安装、拆卸耗时长等问题，讨论了将剖分式密封技术应用到船舶艉轴机械密封中的应用前景。2014 年，陶凯等运用 ANSYS 有限元软件对剖分式机械密封动环、静环 3D 模型进行数值模拟，研究不同螺钉预紧力、介质压力和弹簧比压下剖分式机械密封的分型面对整体机械密封的影响及分型面的连接紧密性。

分瓣式密封的概念早在 1951 年，美国学者 Kosatka 目的针对安装在内燃机的后主轴承上的油密封，防止发动机的曲轴上的油逸出，降低安装和拆除的经济成本，发明的一种分瓣式油密封结构，如图 1-14 所示。

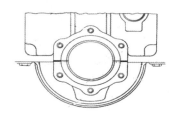

图 1-14　内燃机分瓣式油密封结构

1963 年，Washburn 设计发明了一种电缆密封装置，尤其是在控制电缆通过防火墙或舱壁密封，防止火灾或火焰穿过而发生火灾，以满足航天的需要，无需拆卸完整密封件更换导线或电缆系统的组件，降低经济成本，如图 1-15 所示。

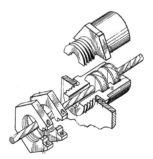

图 1-15　分瓣式电缆密封装置结构

2000 年，Pow 针对分瓣式圆筒的两个半圆筒壁的接触平面密封，发明了齿状结构，已实现更好的定位以及径向密封的作用，如图 1-16 所示。

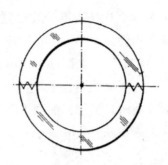

图 1-16 齿型分瓣式横截面结构

2006 年，Pekarsky、Chow、Gardner 等人发明了一种分瓣式密封件组装的方法，在密封件内表面设计具有开口的凹槽，利用塑性变形膨胀组装密封件的零部件。2015 年，Gamache、CS 发明了一种非接触式分瓣密封，用于可旋转轴的非接触式密封件包括定子环和转子环。定子环和转子环都为分瓣结构，转子环安装在轴的中间部位，在定子环两端采用各种密封部件，以防止密封件内的流体泄漏。2016 年，Teodosiu 发明了一种分瓣式轴密封结构，轴密封件包括第一环和第二环，每个环离散弧段的安装在轴上，多个密封零部件从第二环延伸到第一环的轴向表面或从第一环延伸到第二环的轴向表面。

本书在前人的研究基础上，设计发明了分瓣式磁性密封胶密封结构，采用了一种设计方法，解决了分瓣极靴的轴心对称问题及轴密封问题，拓展了分瓣式密封结构的应用范围。为了解决上下两个半圆筒壁的平面密封问题，创造性的研制了一种磁性密封胶，并且设计了一种具有磁路的平面密封结构，使得磁性密封胶既能够在磁场的作用下，顺着磁力线的方向吸附在两个半壳壁之间，又具有密封胶的黏性，降低了由于使用工艺中造成的密封胶与两瓣壳壁间接触形成气泡等而出现密封泄漏的问题，很好的解决了外部两瓣壳壁的平面密封问题。

1.5 研究内容及目标

本书为了解决一些大型设备轴密封问题，由于轴上连接很多零部件，而密封件处于轴的中间位置，对于密封件的拆卸、维修都会带来很大的不便，并且造成昂贵的经济损失，本书提出了一种新型的分瓣式磁性密封胶密封结构，通过对分瓣式磁性密封胶密封结构进行理论推导、模拟计算及实验研究，从而研制出能够满足大型设备轴密封耐压要求的分瓣式磁性密封胶密封结构，并且研制了两种饱和磁化强度不同的磁性密封胶与该分瓣式密封结构配合使用，通过梯度磁场控制磁性密封胶，使其能够吸附在两瓣壳体结合面处，与普通密封胶相比提高了密封可靠性。本书章节安排如下。

（1）第1章分析和探讨了分瓣式装置密封的瓶颈问题，分析了磁性密封胶密封的应用场景以及本书的研究意义，采用磁性密封胶能够在磁场力的作用下吸附在密封间隙内，摒弃普通密封胶因涂抹不均形成泄漏通道造成泄漏的缺点。阐述磁性液体、磁性液体密封技术、磁性密封胶、分瓣式密封的国内外研究现状。

（2）第2章详细说明了磁粉的制备过程和方法以及制备过程中的影响因素，通过特定方法结合磁性液体与胶基体制备成磁性密封胶，调整胶基体所占比例制备了两种饱和磁化强度不同的磁性密封胶，表征了磁性密封胶的微观形貌发现磁性颗粒在胶基体溶液中具有很好的分散性，对该两种样品磁性密封胶进行了饱和磁化强度表征和剪切模量表征，得出两种样品的饱和磁化强度测试值和剪切模量测试值，为后面章节磁性密封胶与分瓣式密封装置配合使用时的性能研究提供参数依据。

（3）第3章概述了胶的基础理论及典型非牛顿流体的层流理论，推导出磁性密封胶的连续性方程、质量守恒方程、运动方程，进而推导出磁性密封胶在分瓣式密封间隙内的最大抗剪力理论公式，通过对磁性液体静密封机理的研究得到分瓣式结构磁性密封胶密封的耐压机理，从而计算分瓣式密封装置密封间隙处的抗压理论公式。根据磁性密封胶兼具胶的抗剪性和受到磁场力的约束性，推导出分瓣式结构磁性密封胶的耐压理论。

（4）第4章总结了磁性密封胶的基础理论，并以此为研究基础推导了磁性密封胶的连续性方程、能量守恒方程、运动方程等，并推导了磁性密封胶的耐压理论。

（5）第5章从微观角度研究分瓣式密封装置交接面处的界面形貌和尺寸，通过对分瓣式密封装置交接面的正弦曲线、折线、凹凸线以及三种线型的峰值尺寸由于温度变化导致胶体变形时的受力分析，预估分瓣式密封装置交接面的最佳界面形貌及粗糙度。

（6）第6章通过模拟分瓣式密封装置两个交接面处间隙内的磁力线图、磁场强度图、磁感应强度图、磁通密度图、磁场强度矢量图，目的是提高磁场梯度，提高磁性密封胶的填充区域的准确性，预估最佳的密封间隙、间隙梯度、壳体厚度，为设计实验装置以及提高其密封耐压能力做铺垫。改变磁场方向为水平45°，目的是提高楔形缝隙顶点处的磁场强度，能够更好地控制磁性密封胶的填充区域。

（7）第7章通过改变分瓣式结构"凸型"肩宽尺寸和"凸型"肩宽尺寸，模拟磁场有限元分析，并理论计算分瓣式结构的耐压能力，又从增加永久磁铁数量方面对分瓣式结构进行了模拟仿真，并理论计算其耐压能力的变化。

（8）第8章通过改变分瓣式结构导磁条宽度尺寸、永磁体宽度尺寸，通过改变磁场方向，模拟磁场有限元，并理论计算分瓣式结构的耐压能力，又着重仿真并计算分瓣式密封泄露瓶颈点的耐压变化，为后面的实验环节奠定理论基础。

（9）第9章对分瓣式结构磁性密封胶耐压性能进行了实验研究。根据上两章节预估的分瓣式密封装置的界面形貌、粗糙度及交接面结构尺寸，设计制作分瓣式密封装置，对两种不同饱和磁化强度的磁性密封胶应用到分瓣式密封装置，改变分瓣式密封装置的密封间隙、间隙梯度、壳体厚度不同仿真对其密封耐压性能的影响，并且对其理论耐压能力和实验耐压能力进行了比较、分析和讨论。实验研究了磁性密封胶和普通密封胶的耐压性能，目的是验证磁性密封胶的密封可靠性高于普通密封胶。

（10）第10章是以上研究的结论和研究中存在的一些不足。

1.6　本章小结

本章分析探讨了分瓣式结构磁性密封胶的背景及意义，讨论了针对壳体结合处密封采用垫片密封及普通密封胶密封的缺点，以及采用磁性密封胶密封分瓣式壳体结合处的优点。分析了分瓣式结构泄漏的瓶颈点，研究了磁性密封胶的应用场景，磁性密封胶应用到分瓣式外壳及与内部旋转轴装置连接的轴向密封的优势。对磁性液体、磁性液体密封、磁性密封胶以及分瓣式密封的国内外研究现状进行了总结，设计磁路，通过密封间隙内磁场力的作用控制密封胶的填充区域，将磁性密封胶应用到分瓣式密封装置对大型设备轴密封具有非常重要的应用价值和经济价值。

2 磁性密封胶的制备及表征

根据上一章的讨论，采用分瓣式密封结构具有广阔的前景和经济价值，然后用普通密封胶密封分瓣式外壳需要打开外壳，将普通胶涂抹在外壳平面上，在操作空间较小的环境下造成很大不便，并且容易出现涂抹不均而出现泄漏通道造成密封失效，为了解决这个问题，采用磁性密封胶密封分瓣式外壳缝隙有其独特的优势，磁性密封胶在磁场力的作用下自动填充分瓣式外壳缝隙，不需要打开外壳装置，并且磁性密封胶在磁场力作用下均匀分布，能够解决分瓣式外壳密封问题。下面介绍如何制备磁性密封胶，以及对其特殊性能进行表征，以为其理论及实验应用奠定基础。

2.1 磁粉的制备

磁粉是磁性液体的重要组成部分，而磁性密封胶即为磁性液体与密封胶基体结合的一种新材料，磁粉的制备工艺直接影响到磁性密封胶的性能，所以先详细讨论磁粉的制备过程。

2.1.1 制备磁粉所需原材料及仪器

将制备磁粉所需的原材料及仪器描述如表 2-1 和表 2-2 所示。

表 2-1　制备磁粉所需药品

名称	纯度	生厂商
三氯化铁	分析纯	西陇化工股份有限公司
二氯化铁	分析纯	天津市福晨化学试剂厂
氨水	分析纯	北京北化精细化学品有限公司
硝酸银	分析纯	北京北化精细化学品有限公司
油酸	分析纯	天津市化学试剂一厂
月硅酸钠	AR	北京北化精细化学品有限公司
硅烷偶联剂	分析纯	上海抚生实业有限公司
十二烷基苯磺酸钠	AR	北京北化精细化学品有限公司

其中 Fe^{3+} 和 Fe^{2+} 目的提供 Fe 离子，配置反应前驱溶液；氨水用作碱源，调节溶液的 pH 值；硝酸银用于检测 Cl 离子；去离子水，用于配置溶液和磁性颗粒的洗涤脱盐；油酸、硅油、十二烷基苯磺酸钠作为表面活性剂。

表 2-2　制备磁粉所需仪器

名称	型号	生厂商
真空干燥箱	DZF-6050AB	北京中兴伟业仪器有限公司
电子天平	FA2204N	上海菁海仪器有限公司
电热恒温水浴锅	DZKW-4 单孔	北京中兴伟业仪器有限公司
PH 测试仪	Modle 818	美国奥利龙公司
数显测速电动搅拌器	JJ-1A	江苏省荣华仪器制造有限公司
超声波清洗器	KQ218	昆山市超声仪器有限公司
循环水式多用真空泵	SHB-III	郑州长城科工贸有限公司
电热恒温鼓风干燥箱	DA323C	中国重庆汉巴试验设备有限公司
振动样品磁强计	ModeIBHV-525	日本理学公司

除了这些仪器外，实验还用到温度计、永磁体、烧杯、量筒、研钵等。

2.1.2 磁粉制备方法与过程

采用化学共沉淀法制备磁粉颗粒。化学共沉淀法是指将氨水或者氢氧化钠等碱性沉淀剂加入到金属溶液中，使金属溶液中的金属离子经过化学反应从溶液中沉淀出来，反应公式为：$Fe^{2+} + 2Fe^{3+} + 8OH^- \rightarrow Fe_3O_4 \downarrow + 4H_2O$ 通过化学反应沉淀下来的纳米级 Fe_3O_4 磁性颗粒具有很大的表面能，这就导致多个 Fe_3O_4 磁性粒子容易团聚在一起，而形成直径较大的磁粒子。表面活性剂（油酸、硅油、十二烷基苯磺酸钠）在一定条件下对纳米 Fe_3O_4 磁性颗粒进行表面改性，然后再用硅烷偶联剂进行二次改性，可以降低离子的表面能，阻止纳米级磁粒子团聚，还可以提高纳米级 Fe_3O_4 磁性颗粒与载液的相容性，包覆后可以有效防止纳米级 Fe_3O_4 磁性颗粒被氧化。

纳米 Fe_3O_4 磁性颗粒的极性基团本身不能与硅油载液相溶，如果直接将纳米 Fe_3O_4 磁性颗粒分散在硅油中，则会出现严重的分层现象，得不到稳定的分散体系。为了将纳米 Fe_3O_4 磁性颗粒稳定地分散在硅油中，需要用适量的硅烷偶联剂对纳米级磁性颗粒进行包覆处理。硅烷偶联剂具有两种性能，它既能与活性剂阴离子相亲和，又能与硅油相溶。只要控制好偶联剂的用量，就可以将纳米 Fe_3O_4 磁性颗粒很好的分散在硅油中。

总体过程为配制一定浓度的 $FeCl_3$ 溶液和 $FeCl_2$ 溶液，按一定比例混合后搅拌，加入过量的一定浓度氨水，充分反应，生成纳米 Fe_3O_4 磁性颗粒。在一定温度水浴锅中用表面活性剂包覆一段时间，再用偶联剂包覆一段时间，生成表面改性的纳米 Fe_3O_4 磁性颗粒。制备方法如图 2-1 所示。

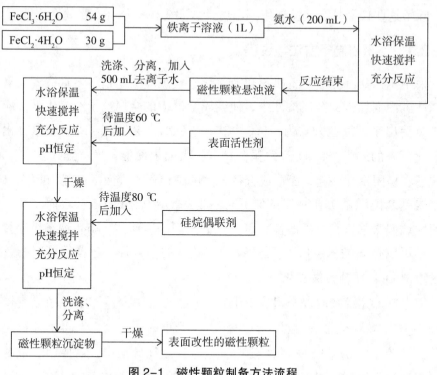

图 2-1 磁性颗粒制备方法流程

2.1.3 制备过程中的影响因素

在制备磁性颗粒过程中，有一些参数的变化会对制备的磁粉的磁性有影响，下面分别讨论。

1. 铁离子溶液浓度对产物的影响

反应前驱溶液 $FeCl_3$ 和 $FeCl_2$ 溶液的浓度直接影响反应速度和反应产物颗粒的大小。从反应动力学看，反应过程中形成交替离子的凝聚过程。根据 Lamer 模型溶液中析出胶体离子的过程与结晶过程相似，可以分为晶核的形成和晶核的增长两个阶段。晶核的生产速率和晶核长大的速率分别用 V_1 和 V_2 表示：

$$V_1 = dn / dt = k_1(c-s) / s \qquad\qquad (2-1)$$

$$V_2 = k_2 \times D \times (c-s) \qquad\qquad (2-2)$$

式中 dn/dt 为单位时间生成晶核的数目；k_1、k_2 为两式中的比例常数；D 为溶质分子的比例常数；c 为析出物质的浓度；S 为析出物的溶解度，$(c-s)$ 为过饱和度。

从公式中可以看出：成核速率V_1和晶核长大速率V_2都与过饱和度$(c-s)$成正比，但是V_2受过饱和度$(c-s)$的影响较小。其中产物Fe_3O_4在水溶液中的溶解度s很小。在凝聚过程中，当前驱反应浓度很低时，由于此浓度已有足够的过饱和度彤成大量的晶核，且晶核成长速度较小，成长过程较短，所以制得的颗粒粒度较小，随着反应物浓度的增加，过饱和度，晶核生成和成长速率液都增加。当反应物浓度大到一定程度时，过饱和浓度较大，生成晶核非常多而且彼此间距太近，粘度增大，使溶质的扩散系数减少，生成晶核速度减小形成晶粒粒径较大，影响磁性颗粒的磁性能。因此，较小的前驱反应浓度更容易产生粒径较小且均匀的纳米Fe_3O_4磁性颗粒。但同时浓度也不是越小越好，浓度过小时往往不容易分离制粉，而且很难保证溶液的 pH 在最佳条件下反应。实验证明当反应溶液$FeCl_3$和$FeCl_2$的浓度在小于 0.6 mol/L 时对Fe_3O_4颗粒磁性能的影响差别不大，当反应溶液$FeCl_3$和$FeCl_2$的浓度在大于 0.6 mol/L 时制得的Fe_3O_4颗粒的磁性能明显减小。因此前驱反应液的最佳浓度为 0.6 mol/L。

2. 反应物中Fe^{3+}和Fe^{2+}配比对产物的影响

以$FeCl_3$、$FeCl_2$和$NH_3 \cdot H_2O$为原料，制备Fe_3O_4颗粒的化学反应方程式为

$$Fe^{2+} + 2Fe^{3+} + 8NH_3 \cdot H_2O \rightarrow Fe(OH)_2 + 2Fe(OH)_3 + 8NH_4^+ + 4H_2O$$

$$Fe(OH)_2 + 2Fe(OH)_3 \rightarrow Fe_3O_4 + 4H_2O$$

理想情况下Fe^{3+}和Fe^{2+}的物质的量的比为 2：1，但在实际操作及反应过程中，Fe^{2+}由于与氧气接触而被氧化成Fe^{3+}，必然造成Fe^{3+}过量，根据上面的反应式可知，产物中必然存在Fe_2O_3和$Fe(OH)_3$。所以在实验时通常适当增加Fe^{2+}离子的量。通过改变Fe^{3+}和Fe^{2+}的物质的量的比，制得一系列纳米颗粒样品，并对其进行饱和磁化强度测试，结果如图 2-2 所示。

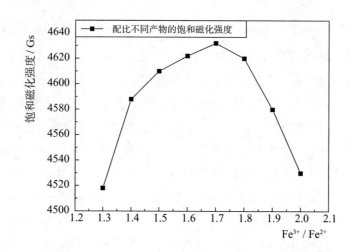

图 2-2　Fe^{3+} 和 Fe^{2+} 配比不同时的产物饱和磁化强度变化曲线

从图 2-2 中可以看出，当 Fe^{3+} 和 Fe^{2+} 的配比小于 1.7 时，说明 Fe^{2+} 过量，产物中会产生 FeO，并且随着 Fe^{3+} 和 Fe^{2+} 的配比越小，产生的 FeO 的量就越多，相应的饱和磁化强度就越低；反之，当 Fe^{3+} 和 Fe^{2+} 的配比大于 1.7 时，由于部分 Fe^{2+} 被氧化，相应的 Fe^{3+} 过量，使得产物中存在 Fe_2O_3，和 $Fe(OH)_3$，同样导致饱和磁化强度降低；当 Fe^{3+} 和 Fe^{2+} 的配比等于 1.7 时，产物的饱和磁化强度最高，也越接近反应的最佳配比值。

3. 氨水滴入速度对产物的影响

氨水滴入速度直接影响与 Fe 离子水的反应速度，滴入快，反应就快，合理控制反应时间是影响产物颗粒是否均匀细小的关键因素之一。要想制备出磁性颗粒均匀细小的纳米 Fe_3O_4，必须合理控制反应时间。反应时间长，反应过程中容易氧化，pH 不能保证在最佳范围内，生成纳米 Fe_3O_4 磁性颗粒较大；反应时间短，生成的磁性颗粒不稳定，反应不能完成充分，容易导致表面活性剂包覆不均均而形成团聚，影响稳定性和饱和磁化强度。一般选取的反应时间在 $0.5 \sim 1\ h$ 范围内。

4. 表面活性剂对产物的影响

表面活性剂加入的时机以及加入的量是决定纳米磁性颗粒 Fe_3O_4 性能优劣的重要因素之一。根据制备 Fe_3O_4 颗粒的化学反应方程式可知，纳米 Fe_3O_4 颗粒是由氢氧化铁和氢氧化亚铁脱水而得，若表面活性剂加入过早，此时氨水与铁离子水还没有反应完全，则表面活性剂将吸附在氢氧化铁和氢氧化亚铁颗粒上，对氢氧化物的脱水产生阻碍作用，使其不能完全脱水。另外，如果表面活性剂加入过早，还可能优先吸附在搅拌棒或者杯壁上，使表面活性剂不能发挥其自身的作用。反之，如果表面活性剂加入过晚，则反应生成的纳米磁性Fe_3O_4颗粒因为得不到及时包覆而发生团聚，同时很容易被水中的氧气氧化而降低磁性能。笔者为了寻求最佳滴入表面活性剂的时间，通过反复实验发现，当氨水与铁离子水反应出现大量棕色混浊时，开始滴加表面活性剂效果最好。

表面活性剂完好的包覆在纳米磁性Fe_3O_4颗粒上需要一定的时间才能完成，因为Fe_3O_4颗粒生成后具有很高的表面能，并且吸附液体中的其他离子，表面活性剂需要克服其他离子的作用才能吸附到纳米磁性颗粒上，这个过程必须通过对离子吸附层的扩散、渗透、取代、吸附的较长时间才能牢靠的结合在纳米磁性颗粒上，若包覆时间比较短，此时，表面活性剂还没有完全包覆就进行洗涤，则会出现表面活性剂用量不足而引起的絮凝现象。为了测试表面活性剂的最佳包覆时间，通过反复实验发现，包覆 6 个小时以上为佳，并且包覆的过程中要保持温度在 50 ℃，同时不断的进行搅拌，以免磁性颗粒下沉而发生团聚，当然包覆的时间也不能太长，否则会造成颗粒聚结老化，造成团聚。

表面活性剂的量也要适量，如果过多，则会在颗粒表面形成一层油膜，使得颗粒粘结在一起不易清洗，如果过少会出现颗粒包覆不完全而造成颗粒凝聚在一起，使得颗粒变大，降低颗粒的性能。

5. 温度对产物的影响

温度在制备过程中能够影响反应速度，当温度升高时，铁离子与氨水的反应速度会加快，反应生成的$Fe(OH)_2$和Fe_3O_4颗粒的氧化速度也会加快，氨水也更容易挥发，这与反应速度快对产物的影响有些类似。当温度较低时，反应速度慢，晶核生长速度小，当温度升高到一定程度时，晶核生长速度达到极值，如果温度继续升高，溶质分子的能量增加，晶粒的稳定性下降，反而造成晶核的生长速度下降，因此，温度较高的情况下生成的纳米磁性颗粒的直径较大，要得到直径较小的纳米磁性颗粒，必须控制反应温度，通过反复试验发现，保持反应温度为 60 ℃时生成的纳米磁性颗粒性能最好。

2.1.4 磁性液体的制备

纳米磁性颗粒在基载液中的分散性直接影响磁性液体的稳定性。纳米磁性颗粒的布朗热运动能与磁场中的磁能相互抵消，能够在硅油中悬浮。但对磁性颗粒粒径有要求，如果粒径太大，导致磁性颗粒受到的磁场力太大，容易形成团聚现象而发生沉降，如果粒径太小，布朗热运动能就会大于磁能，导致磁性能弱，磁性液体的饱和磁化强度不高，也就降低了磁性液体的使用价值，根据实验经验和计算所得，纳米磁性颗粒的粒径为 10 nm 左右为宜。

另外，磁性液体中的纳米磁性颗粒的含量决定磁性液体的饱和磁化强度，但并不是纳米磁性颗粒的含量越多越好，当添加的磁性颗粒多于饱和程度时，由于颗粒之间的相互作用会发生沉降，导致磁性液体的稳定性变差，所以制备磁性液体时磁性颗粒的添入量是决定磁性液体性能关键因素之一。

制作过程为将一定质量的纳米磁性颗粒加入到一定量的硅油中，充分搅拌 30 min，并保持温度在 80 ℃，同时进行超声波分散，将所制得的产品放置一段时间，上面的黑亮液体即为硅油基Fe_3O_4磁性液体。改变纳米磁性颗粒的含量，制备饱和磁化强度不同的磁性液体为制备磁性密封胶做准备。

2.2 磁性密封胶的制备

2.2.1 胶基体的选择

磁性密封胶一般由树脂主体、磁粉、基载液、固化剂、稀释剂、增韧剂等组成，选择一种性能优良的胶基体，它包含树脂主体、固化剂、增韧剂等，并且能够很好的和磁性液体通过某种工序融合而制成磁性密封胶，通过与接触的壳体结合，在特定温度经过不同时间进行固化，固化前的磁性密封胶能够表现出液体的流动性，并且能够在磁场力的作用下沿着磁力的方向流动，固化后的磁性密封胶能够表现出优良的导磁性，既能表现胶基体的黏性，能够提供可靠的连接强度，又类似于磁条，使得壳体两面紧密结合，起到良好的密封作用。

磁性密封胶的基体需要在常温下为液态，并且具有较好的流动性，具有在磁场力作用下的敏感性，磁性密封胶还应具有良好的粘着性，目前平面密封胶基体大致分为三类：聚氨酯胶，它主要用于玻璃的粘接密封，不常用于金属密封；硅橡胶和厌氧胶都能够适合金属密封，选择两种硅橡胶基体可赛新1596和乐泰5910进行实验准备，同时选择两种厌氧胶基体可赛新1515和乐泰515进行实验准备，并且对这四种胶基体的性能进行对比分析。

可赛新1596：灰色，通用型，低粘度，耐润滑油性能优良，用于减速机、水泵、阀门及内燃机等零部件结合面密封。典型用途：油底壳、变压器法兰、齿轮箱、变速箱、代替传统密封垫，改善金属与密封垫之间的高温密封性、高温粘接包括硅橡胶在内的多数基材、通用机械、电器设备的平面密封。

固化前性能

基础原料：聚二甲基硅氧烷

颜色：灰色

粘度（cps @ 22 ℃）：触变性膏状物

固化速度（初固/全固）：10 min./24 h（2 mm）

最大填充间隙（mm）：6.00

密度（g/cm³）：1.15 ± 0.03

闪点（℃）：>93

固化说明：固化速度随温度、相对湿度、胶层厚度和潮气的存在而变化。

固化后性能：固化样片厚度约为2 mm，在25 ℃，60%湿度条件下固化7天，测试温度为25 ℃。

工作温度（℃）：-54 ～ 260

硬度（邵A）（GB/T 531—1999）：35

延伸率（%）（GB/T 528—1998）：260

拉伸强度（MPa）（GB/T 528—1998）：2.0

热老化性能（经200 ℃ 168h 热老化后）

延伸率（%）（GB/T 528—1998）：170

拉伸强度（MPa）（GB/T 528—1998）：2.0

耐油性（经15W40机油150 ℃、100 h 浸泡后）

延伸率（%）（GB/T 528—1998）：330

拉伸强度（MPa）（GB/T 528—1998）：1.6

耐温（℃）：-54 ～ 260

乐泰5910：化学类型为聚硅氧烷，外观黑色膏状物，单组分不需混合，触变性膏剂，室温硫化，对汽车发动机油具有卓越抵抗性能。

　　粘度（MPa·s）（GB/T 2794）：300

　　耐温（℃）：–55~200

　　剪切强度（MPa）（GB/T 528—1998）：1.2

　　可赛新 1515：厌氧型平面密封胶，通用型，固化后为柔性胶层，用于密封接触面有伸缩或有振动的结合面，如密封泵类、变速箱体、机体端盖、法兰、车桥等零件结合面。

　　颜色：紫红

　　密度（g/cm³）：1.10 ± 0.03

　　粘度（MPa·s）（GB/T 2794）：1.2×10^6

　　最大密封间隙（mm）：2.5

　　最大密封压力（MPa）：32

　　初固（h）：1 ～ 2

　　全固（h）：18

　　工作温度（℃）：–60 ～ 150

　　乐泰 515：化学类型为甲基丙烯酸酯，外观暗紫色、不透明，单组分不需混合，触变性膏剂，黏度高，耐流体性能优良，能形成柔性垫片，用于机加工，其填充间隙小于 0.25 mm 的刚性法兰。

　　颜色：荧光紫黑

　　粘度（MPa·s）（GB/T 2794）：150 000~375 000

　　固化速度（h）：24

　　通过对这四种胶基体的性能比较，并且在实验中将这四种胶基体制作磁性密封胶表明，固化前，可赛新 1515 流动性最好，磁性表现优良，最符合将磁性密封胶在磁场力的控制下自动填充密封间隙的设计需求，所以选择可赛新 1515 作为实验应用胶基体。

2.2.2　制备仪器与材料

　　本实验中用到的实验仪器及装置见表 2–3。

表2-3 实验用到的装置

名称	型号	生厂商
真空干燥箱	DZF-6050AB	北京中兴伟业仪器有限公司
电子天平	FA2204N	上海菁海仪器有限公司
数显测速电动搅拌器	JJ-1A	江苏省荣华仪器制造有限公司
超声波清洗器	KQ218	昆山市超声仪器有限公司
循环水式多用真空泵	SHB-III	郑州长城科工贸有限公司
电热恒温鼓风干燥箱	DA323C	中国重庆汉巴试验设备有限公司
振动样品磁强计	ModelBHV-525	日本理学公司

试验中用到的其它仪器：烧杯、永久磁铁、玻璃棒等。

表2-4 试验中用到的实验材料

名称	型号或纯度	生厂商
可赛新	1515	北京天山新材料技术有限公司
磁粉		北京交通大学磁性研究所制备
顺丁烯二酸酐	分析纯	国药集团化学试剂有限公司
多聚甲醛	分析纯	成都市科龙化工试剂厂
硅烷偶联剂	分析纯	上海抚生实业有限公司
丙酮	分析纯	成都市科龙化工试剂厂
磷酸三丁酯	分析纯	成都市科龙化工试剂厂
二氧化硅	KH-550	南京帝蒙特化学有限公司

2.2.3 制备方法

取无水碳酸钾干燥处理丙酮，过滤后蒸馏，收集55～56.5℃的馏分。用无水硫酸镁干燥乙二醇二缩水甘油醚，过滤后减压蒸馏，收集馏分。用研钵将

顺丁烯二酸酐固化剂研磨为细小颗粒。放置于干燥箱中备用。将可赛新1515
密封胶放入干净的烧杯中，置于烘箱里，保持烘箱温度105℃，脱去水分。体
系恒温1 h左右，将体系维持在60℃备用。

先将一定量的磁性液体和一定量的顺丁烯二酸酐粉末混合均匀，再将一定
量的处理过的可赛新1515密封胶加入其中，同时加入稀释剂，在恒温水浴锅
中对混合液进行加热。同时不停地搅拌，加速密封胶的溶解，控制加热过程
直至密封胶完全溶解，得到溶胶溶液，将该溶胶溶液放入真空干燥箱中并抽真
空，目的是排除混合物内部的气泡，以制得磁性密封胶。将制备好的磁性密封
胶放置冷藏处保存。

2.3　磁性密封胶的表征

2.3.1　微观形貌表征

根据磁性液体与胶基体的质量配比制备了两种磁性能不同的磁性密封胶，
因为磁性颗粒在溶液中的分布对制备的磁性密封胶的磁性能以及磁流变性能影
响很大，所以有必要对制备的磁性密封胶的微观形貌进行表征。

如图2-3所示显示了两种磁性密封胶的SEM图，从图中不难发现：磁性
颗粒在两种磁性密封胶溶液中均呈现清晰的链状结构，并且未发现明显的粒子
团聚现象，这是由于采用磁性液体与胶基体融合的工序中，磁性液体本身已经
对纳米磁性颗粒进行了表面活性剂包覆处理，降低了磁性颗粒的表面能，能够
有效的防止磁性颗粒的团聚，相反地促进了磁性颗粒与胶基体的相容性，使得
磁性颗粒在胶基体溶液中具有很好的分散性，提高了磁性密封胶的流动性及磁
性性能。

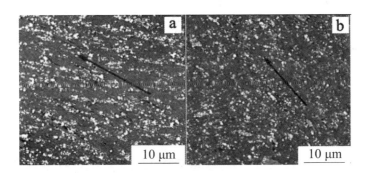

图 2-3　两种磁性密封胶的 SEM 图

2.3.2　饱和磁化强度表征

采用磁性密封胶密封分瓣式外壳就是利用磁场力的作用,将带有磁性的磁性密封胶自动填充到楔形缝隙中,磁性密封胶能够在磁场力的作用下均匀分布在楔形缝隙中,克服了普通密封胶涂抹不均造成的密封泄漏问题。关于磁性密封胶与普通密封胶的一个最主要的区别就是磁性密封胶的磁性特性,所以首先对磁性密封胶的饱和磁化强度进行表征,以便为后面磁性密封胶的理论推导及实验应用提供依据。

振动样品磁强计(VSM)适用于各种磁性材料:磁性粉末、超导材料、磁性薄膜、各向异性材料、磁记录材料、块状、单晶和液体等材料的测量。可完成磁滞回线、起始磁化曲线、退磁曲线及温度特性曲线、IRM 和 DCD 曲线的测量。

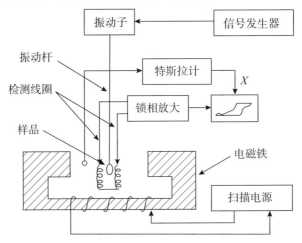

图 2-4　振动样品磁强计原理图

如图 2-4 所示为振动样品磁强计原理图。它采用电磁感应原理，当测量的样品足够小的时候，样品被磁场磁化，可以把样品看作是一个磁偶极子，探测线圈中心的样品以固定频率和固定振幅作微振动，而振动样品磁强计在探测线圈中产生的磁感应电压与作微振动样品的振动频率和振幅、磁矩成正比，保证样品的振幅和频率不变，用锁相放大器测量感应电压，能够计算出待测样品的磁矩。

如图 2-5 所示为振动样品磁强计测得的两种磁性密封胶的磁滞回线图。①、②两条曲线分别对应两种磁性密封胶的饱和磁化强度，两个样品的纳米磁性颗粒均显现为超顺磁性，而且磁滞回线平滑，剩磁和矫顽力均为 0，无磁滞现象。从图中可以看出：两种磁性密封胶的饱和磁化强度分别为 27 emu/g 和 18 emu/g，并且随着磁性液体比例的增大，磁性密封胶的饱和磁化强度在增强，当磁感应强度增加到 10 000（Oe）时，两种磁性密封胶的饱和磁化强度基本趋于稳定。

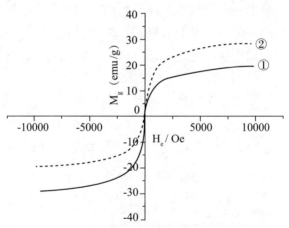

图 2-5　两种磁性密封胶磁滞回线图

通过式（2-3）可以计算两种磁性密封胶的饱和磁化强度。其中样品 1 的密度为 1.1 g/cm³，样品 2 的密度为 1.2 g/cm³。

饱和磁化强度计算公式如下：

$$M_s = \frac{4\pi m \rho}{M} \qquad (2-3)$$

式（2-3）中各物理量含义及量纲如下（CGS 制）：

M_s——饱和磁化强度，Gs；

m——磁矩，emu；

M——待测样品的质量，g；

ρ——相应样品的密度，g/cm³。

通常用 Gs 单位来表示样品的饱和磁化强度，将相应的值带入到公式（2-3）求得该样品以 Gs 单位表征的饱和磁化强度，如表 2-5 所示。

表 2-5　样品饱和磁化强度测试表

样品名称	饱和磁化强度测试值	单位
样品 1	249	Gs
样品 2	407	Gs

2.3.3　剪切模量表征

采用磁性密封胶密封分瓣式楔形缝隙，磁性密封胶的磁性主要用于在磁场力的控制下自动填充密封区域，当磁性密封胶固化后，其本身的磁性特性表现为很微弱，胶的黏性在密封中占据主导作用，所以有必要对固化后的其剪切模量性能进行表征。

测试剪切强度的原理及方法：取两根铁片，将以制备好的磁性胶用玻璃棒均匀的涂抹在其中一根铁片的剪切面上，将另一根铁片的剪切面与其重叠，擦去铁片间因挤压而溢出的胶黏剂，然后固定两片铁片，将铁片放入烘箱中，以 120 ℃放置 2 h，待样品完全固化后对样品做拉伸剪切性能测试。

将样品两端夹持在万能试验机上，两端保持水平，使得样品在拉伸过程中只受到剪切力的作用，用游标卡尺测量样条胶接处的长（a=5 mm）和宽（b=3 mm），用来计算胶接处的面积，磁性密封胶涂厚度为 0.4 mm，启动万能试验机，使其加载作用力在样条上，直到样条变形，分别记录此时的拉力及剪切应变，通过剪切模量计算公式计算得出该磁性密封胶的剪切模量

$$G = \frac{F}{a \times b \times \theta} \qquad (2-4)$$

式中 G 为计算得到的剪切模量；F 为样条破坏时施加的拉伸力；a 和 b 为磁性密封胶黏接的长和宽；θ 为磁性密封胶在拉力作用下的剪切应变率。

实验示意图如图 2-6 所示。

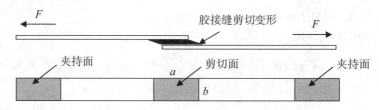

图 2-6   拉伸剪切实验示意图

如图 2-7 所示记录了两种磁性密封胶水平移动量及施加在铁片上力的关系值。从图 2-7 可以看出：两种磁性密封胶的变化曲线接近于直线，这是因为当不加外界磁场，温度不变的情况下，磁性密封胶固化后的剪切模量接近于一个定值。从图中还不难看出水平移动量相同时，磁性密封胶 2 的所需加载力小于磁性密封胶 1 的加载力，这说明磁性密封胶磁性加强情况下，剪切应力相应的减弱，剪切模量也相应的降低。

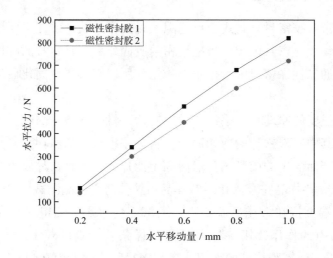

图 2-7   两种磁性密封胶水平拉力与移动量变化关系图

提取图 2-7 的数值，带入式 2-4，并取平均值，得到样品剪切模量值如表 2-6 所示。

表 2-6 样品剪切模量测试表

样品名称	剪切模量测试值	单位
样品 1	23	MPa
样品 2	20	MPa

2.4　本章小结

　　本章首先陈列了磁性密封胶制备所需的实验仪器和材料，详细说明了磁粉的制备过程和方法以及制备过程中的影响因素，通过特定方法结合磁性液体与胶基体制备成磁性密封胶，调整胶基体所占比例制备了两种饱和磁化强度不同的磁性密封胶，表征了磁性密封胶的微观形貌发现磁性颗粒在胶基体溶液中具有很好的分散性，对该两种样品磁性密封胶进行了饱和磁化强度表征和剪切模量表征，得出两种样品的饱和磁化强度测试值和剪切模量测试值，为后面章节磁性密封胶与分瓣式密封装置配合使用时的性能研究提供参数依据。

3 分瓣式磁性密封胶密封理论研究

分瓣式磁性密封胶密封耐压理论包括两部分，一部分是内部轴旋转磁性液体密封理论，另一部分是外部磁性胶密封耐压理论。内部轴旋转磁性液体密封耐压理论是由一般磁性液体密封理论为基础推导出来的，外部磁性胶密封理论包括磁场力和胶粘力两部分组成。本章从磁场理论基础，动力学理论基础，胶接面剪滞模型理论，推导出分瓣式磁性密封胶密封耐压理论。

3.1 磁性液体密封磁场理论基础

3.1.1 麦克斯韦方程组理论

麦克斯韦方程组是总结前人的成就，修正静电场和稳恒磁场的基本规律，它的最基本形式是真空中的电磁场规律：

$$\oiint_{(s)} \boldsymbol{E} \cdot \mathrm{d}S = \frac{1}{\varepsilon_0} q \qquad (3-1)$$

$$\oiint_{(s)} \boldsymbol{B} \cdot \mathrm{d}S = 0 \qquad (3-2)$$

$$\oint_{(L)} \boldsymbol{E} \cdot \mathrm{d}l = -\frac{\mathrm{d}\phi_E}{\mathrm{d}t} = -\iint_{(S)} \frac{\partial \boldsymbol{B}}{\partial t} \cdot \mathrm{d}S \qquad (3-3)$$

$$\oint_{(L)} \boldsymbol{B} \cdot \mathrm{d}l = \mu_0 I + \varepsilon_0 \mu_0 \frac{\mathrm{d}\phi_E}{\mathrm{d}t} = \mu_0 I + \varepsilon_0 \mu_0 \iint_{(S)} \frac{\partial \boldsymbol{E}}{\partial t} \cdot \mathrm{d}S \qquad (3-4)$$

式（3-1）是电场的高斯定理。它说明通过电场中任意闭合面S的电通量等

于 $\dfrac{1}{\varepsilon_0}$ 乘以闭合面所包围的静电荷。它反映出电场线起于正电荷，终于负电荷，总电场遵从高斯定理。

式（3-2）叫作磁场的高斯定理。它说明通过磁场中任一闭合面S的磁感应通量恒等于0，即磁感应线不可能起于或终于空间任一点。

式（3-3）是电场的环路定理，电场强度沿任意闭合路径L积分是电动势，它说明电动势等于穿过以L为周界的任一面积S的磁感应通量的时间变化率的负值。它揭示了总电场和磁场之间的联系。

式（3-4）是推广后的安培环路定理。它说明磁感应强度 $\boldsymbol{B}$ 沿任意闭合路径的线积分等于 μ_0 乘以穿过以L为周界的任意面积S的传导电流加上 $\varepsilon_0\mu_0$ 乘以穿过S的电通量的时间变化率。它揭示了磁场与电流以及变化电场之间的联系。

当有磁介质和电介质存在时，麦克斯韦方程组的积分形式是

$$\oiint\limits_{(S)} \boldsymbol{D} \cdot \mathrm{d}S = \iiint\limits_{(\Omega)} \rho_e \, \mathrm{d}\tau \tag{3-5}$$

$$\oiint\limits_{(s)} \boldsymbol{B} \cdot \mathrm{d}S = 0 \tag{3-6}$$

$$\oint\limits_{(L)} \boldsymbol{E} \cdot \mathrm{d}l = -\frac{\mathrm{d}\phi_E}{\mathrm{d}t} = -\iint\limits_{(S)} \frac{\partial \boldsymbol{B}}{\partial t} \cdot \mathrm{d}S \tag{3-7}$$

$$\oint\limits_{(L)} \boldsymbol{H} \cdot \mathrm{d}l = -\iint\limits_{(S)} j \cdot \mathrm{d}S \tag{3-8}$$

利用矢量场论的高斯定理和斯托克斯定理，可以由积分形式的麦克斯韦方程组，导出微分形式的麦克斯韦方程组：

$$\nabla \cdot \boldsymbol{D} = \rho_e \tag{3-9}$$

$$\nabla \cdot \boldsymbol{B} = 0 \tag{3-10}$$

$$\nabla \times \boldsymbol{E} = -\frac{\partial \boldsymbol{B}}{\partial t} \tag{3-11}$$

$$\nabla \times \boldsymbol{H} = j = \frac{\partial \boldsymbol{D}}{\partial t} + j_c \tag{3-12}$$

式（3-9）是静电场高斯定律的推广，即在时变条件下，电位移D的散度仍等于该点的自由电荷体密度。式（3-10）是磁通连续性原理的微分形式，说明磁通密度B的散度恒等于零，即B线是无始无终的。也就是说不存在与电荷对应的磁荷。式（3-11）是法拉第电磁感应定律的微分形式，说明电场强度E的

旋度等于该点磁通密度**B**的时间变化率的负值，即电场的涡旋源是磁通密度的时间变化率。式（3-12）是全电流定律的微分形式，它说明磁场强度**H**的旋度等于该点的全电流密度（传导电流密度**J**与位移电流密度$\partial \boldsymbol{D}/\partial t$之和），即磁场的涡旋源是全电流密度，位移电流与传导电流一样都能产生磁场。

对于各向同性介质有

$$\boldsymbol{D} = \varepsilon_r \varepsilon_0 \boldsymbol{E} \tag{3-13}$$

$$\boldsymbol{B} = \mu_r \mu_0 \boldsymbol{H} \tag{3-14}$$

$$j = \sigma \boldsymbol{E} \tag{3-15}$$

式中ε是媒质的介电常数，μ是媒质的磁导率，σ是媒质的电导率。

麦克斯韦电磁场理论的要点可以归结如下。

（1）几分立的带电体或电流，它们之间的一切电的及磁的作用都是通过它们之间的中间区域传递的，不论中间区域是真空还是实体物质。

（2）电能或磁能不仅存在于带电体、磁化体或带电流物体中，其大部分分布在周围的电磁场中。

（3）导体构成的电路若有中断处，电路中的传导电流将由电介质中的位移电流补偿贯通，即全电流连续。且位移电流与其所产生的磁场的关系与传导电流的相同。

（4）磁通量既无始点又无终点，即不存在磁荷。

（5）光波也是电磁波。

麦克斯韦方程组概括了电场和磁场存在的形式和条件，两者间的相互作用和相互转化，它们与相关的微观束缚力场的相互作用。蕴含了电磁场的动力学规律，描述了电磁场与空间坐标及时间的关系，是计算分瓣式磁性密封胶密封耐压的基础。

3.1.2 高斯定理和安培环路定理

定义磁感应通量为通过任一面积S的磁感应强度的总和：

$$\phi_B = \iint\limits_{(S)} \boldsymbol{B} \cdot \mathrm{d}S \tag{3-16}$$

式中dS是面积S上的一个面积元矢量，磁感应通量和顺着法线方向穿过面积S的磁感应线的根数成正比。

从任意闭合面一部分穿入的磁感应通量必等于从另一部分穿出的磁感应通量，即通过任意闭合面S的磁感应通量恒等于0，

$$\oiint\limits_{(S)} \boldsymbol{B} \cdot \mathrm{d}S = 0 \qquad (3\text{-}17)$$

式（3-17）称为高斯定理，它否定了单个磁极的存在并揭示出磁场是无源场。

对于环路磁感应强度总和为

$$\oint\limits_{(L)} \boldsymbol{B} \cdot \mathrm{d}l = \oint\limits_{(L)} \boldsymbol{B} \cos\theta \mathrm{d}l \qquad (3\text{-}18)$$

式中θ是$\boldsymbol{B}$和$\mathrm{d}l$之间的夹角，如图3-1所示，通有电流I的长直导线穿过垂直平面内一半径为R的圆周L，计算环绕L的$\boldsymbol{B}$环量，$\boldsymbol{B}$与L相切，有$\boldsymbol{B}\cos\theta = \boldsymbol{B} = \mu_0 I / 2\pi R$，式（3-18）转化成

$$\oint\limits_{(L)} \boldsymbol{B} \cdot \mathrm{d}l = \oint\limits_{(L)} \frac{\mu_0 I}{2\pi R} \mathrm{d}l = \frac{\mu_0 I}{2\pi R} \oint \mathrm{d}l \qquad (3\text{-}19)$$

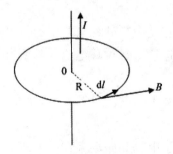

图 3-1 安培定理模型 1

因为$\oint\limits_{(L)} \mathrm{d}l = 2\pi R$为圆周的周长，所以式（3-19）转化成

$$\oint\limits_{(L)} \boldsymbol{B} \cdot \mathrm{d}l = \mu_0 I \qquad (3\text{-}20)$$

即$\boldsymbol{B}$的环量与圆周的R无关，等于穿过曲面的电流的μ_0倍。

考虑L为任意闭合曲线，$\boldsymbol{B}$和$\mathrm{d}l$之间的夹角为θ，即$\boldsymbol{B} \cdot \mathrm{d}l = \boldsymbol{B} \mathrm{d}l \cos\theta$。如图3-2所示。

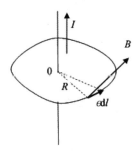

图 3-2 安培定理模型 2

由图 3-2 可见，$dl\cos\theta = rd\varphi$，$d\varphi$ 是 dl 对导线所张的角。因而

$$\oint_{(L)} \boldsymbol{B} \cdot \mathrm{d}l = \oint_{(L)} \frac{\mu_0 I}{2\pi r} r\mathrm{d}\varphi = \frac{\mu_0 I}{2\pi} \oint_{(L)} \mathrm{d}\varphi \qquad (3\text{-}21)$$

$\oint_{(L)} \mathrm{d}\varphi = 2\pi$ 是整个闭合路径对角线所张的角。所以

$$\oint_{(L)} \boldsymbol{B} \cdot \mathrm{d}l = \mu_0 I \qquad (3\text{-}22)$$

积分的结果与闭合路径 L 的形状及导线在闭合路径内的位置无关，如果同时存在多根通电导线时，那些不穿过闭合路径 L 的电流，虽然对 L 上每一点的磁感应通量有贡献，但对环绕 L 的环量却无贡献，因此式（3-22）可转化为

$$\oint_{(L)} \boldsymbol{B} \cdot \mathrm{d}l = \mu_0 \sum I \qquad (3\text{-}23)$$

这就是安培环路定理，在稳恒磁场中，磁感应强度 $\boldsymbol{B}$ 沿任何闭合路径的线积分，等于这闭合路径所包围的各个电流的代数和乘以磁导率，它反映了稳恒磁场的磁感应线和载流导线相互套连的性质。

3.2 磁性液体动力学理论

3.2.1 磁性液体能量守恒理论

能量守恒方程式基于热力学第一定律导出的，普通流体的能量守恒方程

$$\rho\frac{de}{dt} = \nabla\cdot(K\nabla T) - p\nabla\cdot V + \phi \qquad (3-24)$$

方程等号左边是指单位体积流体中的内能，等号右边第一项是传导项，即加入到单位体积流体内的热流量，第二项是指流体的流动功项，即可逆功，最后一项是指机械功耗项。磁性液体是一种两项混合物，在普通流体的能量守恒方程的基础上讨论磁性液体的能量守恒理论。

（1）磁性液体单位体积的内能除了热能以外还有磁能，主要表现公式为

$$\left(c_v + B_0\frac{\partial M}{\partial T}\right)\frac{dT}{dt} + \mu_0\left(T\frac{\partial M}{\partial T} + H\frac{\partial M}{\partial H}\frac{dH}{dt}\right)$$

（2）通过热传导加入到单位体积磁性液体中的热量为

$$\nabla\cdot(K\nabla T)$$

其中K是磁性液体两相混合物的热传导系数。

（3）单位体积磁性液体的流动项与普通流体不同，它除了包括普通流体的流动功以外还包括磁场对磁性液体所做的功，所以磁性液体的可逆功为

$$-p\nabla\cdot V + B_0\left(\frac{\partial M}{\partial T}\frac{dT}{dt} + \frac{\partial M}{\partial H}\frac{dH}{dt}\right)$$

（4）不可逆的机械功耗散ϕ中因为磁性液体受到外界磁场的作用，其黏性系数应采用外磁场作用下的黏性系数η_H。

结合（1）–（4）代入到公式（3-24）得出磁性液体的能量守恒方程为

$$\left(c_v + B_0\frac{\partial M}{\partial T}\right)\frac{dT}{dt} + \mu_0\left(T\frac{\partial M}{\partial T} + H\frac{\partial M}{\partial H}\frac{dH}{dt}\right) =$$
$$\nabla\cdot(K\nabla T) - p\nabla\cdot V + B_0\left(\frac{\partial M}{\partial T}\frac{dT}{dt} + \frac{\partial M}{\partial H}\frac{dH}{dt}\right) + \phi \qquad (3-25)$$

对式（3-25）化简得到

$$c_v\frac{dT}{dt} + \mu_0 T\frac{\partial M}{\partial T} = \nabla\cdot(K\nabla T) - p\nabla\cdot V + \phi \qquad (3-26)$$

3.2.2 磁性液体质量守恒理论

普通流体力学连续方程为

$$\frac{\partial\rho}{\partial t} + \nabla\cdot(\rho V) = 0 \qquad (3-27)$$

将磁性液体两相混合物的密度 ρ_f 带入式（3-27）得到磁性液体的质量守恒方程

$$\frac{\partial \rho_f}{\partial t} + \nabla \cdot \left(\rho_f V \right) = 0 \qquad (3-28)$$

因为磁性液体是由基载液和固体颗粒组成的，但固体颗粒在基载液中的分布是不均匀的，并且随着时间变化，也就是说 ρ_f 不是常数，固相颗粒的体积分量是时间和坐标的函数。

$$\rho_f = (1-\phi)\rho_{Nc} + \phi\rho_{Np} \qquad (3-29)$$

ρ_{Nc} 和 ρ_{Np} 分别是固相颗粒和基载液的密度。

将式（3-29）代入式（3-28）中得出

$$\frac{\partial}{\partial t}\left[(1-\phi)\rho_{Nc} + \phi\rho_{Np}\right] + \nabla \cdot \left[(1-\phi)\rho_{Nc} + \phi\rho_{Np}\right]V = 0 \qquad (3-30)$$

因为 ρ_{Nc} 和 ρ_{Np} 都是常数，所以式（3-30）可写成

$$\left(\rho_{Np} - \rho_{Nc}\right)\frac{\partial \phi}{\partial t} + \rho_{Nc}\nabla \cdot V + \left(\rho_{Np} - \rho_{Nc}\right)\nabla \cdot (\phi V) = 0 \qquad (3-31)$$

对于定常流，ϕ 与时间无关，则式（3-31）可写成

$$\nabla \cdot V + \left[\frac{\rho_{Np}}{\rho_{Nc}} - 1\right]\nabla \cdot (\phi V) = 0 \qquad (3-32)$$

若 ϕ 为常数，那么 ρ_f 也是常数，式（3-32）变为

$$\nabla \cdot V = 0 \qquad (3-33)$$

可见，当 ϕ 为常数时，磁性液体的连续性方程和普通流体的完全一致。

3.2.3　磁性液体动力学方程的边界条件

表面应力的法向向量为

$$n^0 \cdot \left(\tau_1 - \tau_2\right) = - \cdot \left\{ \left(p_1 - p_2\right) + \left[\int_0^{H_1} \mu_0 \frac{\partial (Mv)_1}{\partial v_1} dH - \int_0^{H_2} \mu_0 \frac{\partial (Mv)_2}{\partial v_2} dH\right] \right.$$
$$\left. + \frac{\mu}{2}\left(H_1^2 - H_2^2\right) - \left(B_{1n}H_{1n} - B_{2n}H_{2n}\right) \right\}n^0 + \left(B_{1n}H_{1z} - B_{2n}H_{2z}\right)\tau^0 \qquad (3-34)$$

由 $n^0 \cdot I^0 = n^0$ 和 $n^0 \cdot BH = \left(n^0 \cdot B\right)H = B_n H_n n^0 + B_n H_z \tau^0$，式（3-34）可化为

$$n^0 \cdot \tau = -\left[p + \int_0^H \mu_0 \frac{\partial(Mv)}{\partial v} \mathrm{d}H + \frac{\mu_0}{2} H^2 - B_n H_n \right] n^0 + B_n H_\tau \tau^0 \qquad (3\text{-}35)$$

将式（3-35）应用于磁性液体分界面的两侧，并且设两侧参数各用下标 1 和 2 表示，则方程可化为

$$n^0 \cdot (\tau_1 - \tau_2) = -\left\{ (p_1 - p_2) + \left[\int_0^{H_1} \mu_0 \frac{\partial(Mv)_1}{\partial v_1} \mathrm{d}H - \int_0^{H_2} \mu_0 \frac{\partial(Mv)_2}{\partial v_2} \mathrm{d}H \right] \right.$$
$$\left. + \frac{\mu_0}{2} \left(H_1^2 - H_2^2 \right) - \left(B_{1n} H_{1n} - B_{2n} H_{2n} \right) \right\} n^0 + \left(B_{1n} H_{1z} - B_{2n} H_{2z} \right) \tau^0 \qquad (3\text{-}36)$$

根据磁学方程的边界条件 $B_{1n} H_{1n} - B_{2n} H_{2n} = B_n \left(H_{1n} - H_{2n} \right); \ B_{1n} H_{1\tau} - B_{2n} H_{2\tau} = 0;$

$\frac{\mu_0}{2} \left(H_1^2 - H_1^2 \right) = \frac{\mu_0}{2} \left(H_{1n}^2 - H_{2n}^2 \right) = B_n \left(H_{1n} - H_{2n} \right) + \frac{\mu_0}{2} \left(M_{1n}^2 - M_{2n}^2 \right)$ 将式（3-36）化为

$$n^0 \cdot (\tau_1 - \tau_2) = -\left\{ (p_1 - p_2) + \left[\int_0^{H_1} \mu_0 \frac{\partial(Mv)_1}{\partial v_1} \mathrm{d}H - \int_0^{H_2} \mu_0 \frac{\partial(Mv)_2}{\partial v_2} \mathrm{d}H \right] \right.$$
$$\left. + \frac{\mu_0}{2} \left(M_{1n}^2 - M_{2n}^2 \right) \right\} n^0 \qquad (3\text{-}37)$$

定义，p_m 为磁性液体的磁化压力；p_s 为磁性液体的磁致伸缩压力：

$$p_m = \mu_0 \int_0^H M \mathrm{d}H \qquad (3\text{-}38)$$

$$p_s = \mu_0 \int_0^H v \frac{\partial M}{\partial v} \mathrm{d}H = -\mu_0 \int_0^H \rho_f \frac{\partial M}{\partial \rho_f} \mathrm{d}H \qquad (3\text{-}39)$$

$$p_n = \frac{\mu_0}{2} M_n^2 \qquad (3\text{-}40)$$

式（3-37）可以转化成简单的形式：

$$n^0 \cdot (\tau_1 - \tau_2) = -\left[\left(p_1 + p_{1m} + p_{1s} + p_{1n} \right) - \left(p_2 + p_{2m} + p_{2s} + p_{2n} \right) \right] n^0 \qquad (3\text{-}41)$$

假设：

$$p^* = p + p_m + p_s \qquad (3\text{-}42)$$

式（3-41）可进一步简化为

$$n^0 \cdot (\tau_1 - \tau_2) = -\left[\left(p_1^* + p_{1n} \right) - \left(p_2^* + p_{2n} \right) \right] n^0 \qquad (3\text{-}43)$$

接下来讨论两种常见的情况：

（1）交接面上存在表面张力p_c

这时的表面应力即是表面张力：

$$n^0 \cdot (\tau_1 - \tau_2) = -p_c n^0 \qquad (3\text{-}44)$$

右边的负号表示表面张力p_c总是和表面的外法线方向相反。

$$p_c = \sigma \left(\frac{1}{R_1} + \frac{1}{R_2} \right) \qquad (3\text{-}45)$$

式中R_1和R_2为界面曲面的两个主曲率半径，σ为表面张力常数。

$$n^0 \cdot (\tau_1 - \tau_2) = -\sigma \left(\frac{1}{R_1} + \frac{1}{R_2} \right) n^0 \qquad (3\text{-}46)$$

将式（3-44）带入式（3-43），可转化为

$$p_1^* + p_{1n} = p_2^* + p_{2n} + p_c \qquad (3\text{-}47)$$

若下标2属于非磁性的普通流体，则$p_{2m} = p_{2s} = 0$，于是

$$p_1^* + p_{1n} = p_2 + p_c \qquad (3\text{-}48)$$

若下标2表示大气环境，$p_2 = p_a$，从而

$$p_1^* + p_{1n} = p_a + p_c \qquad (3\text{-}49)$$

对于磁化强度正比于密度的磁性液体，$p_{1m} + p_{1s} = 0$，式（3-49）又可化为

$$p_1 + p_{1n} = p_a + p_c \qquad (3\text{-}50)$$

（2）交接面上的表面张力p_c可以忽略

如果忽略交界面上的表面张力，则式（3-47）转化为

$$p_1^* + p_{1n} = p_2^* + p_{2n} \qquad (3\text{-}51)$$

式（3-48）转化为

$$p_1^* + p_{1n} = p_2 \qquad (3\text{-}52)$$

式（3-49）转化为

$$p_1^* + p_{1n} = p_a \qquad (3\text{-}53)$$

式（3-50）转化为

$$p_1 + p_{1n} = p_a \qquad (3\text{-}54)$$

3.2.4　磁性液体伯努力方程

在不考虑内部的自由度不可压缩的磁性液体的运动方程为

$$\rho_f \frac{\partial V}{\partial t} + \rho_f V \cdot \Delta V = \rho_f g - \nabla p^* + \mu_0 M \cdot \nabla H + \eta H \nabla^2 V \qquad （3-55）$$

做如下假设：

（1）磁性液体密度 $\rho_f = const$，则：$\nabla \cdot V = 0$

（2）流动是有势的，即 $\nabla \times V = 0$，并且存在速度势 φ_v，则 $V = -\nabla \varphi_v$

（3）不考虑磁性液体内部的自由度的假设下，即认为外磁场变化不会造成磁性液体颗粒的旋转，可以认为磁性液体的磁化强度矢量 M 和外磁场 H 平行，因而

$$\mu_0 M \cdot \nabla H = \mu_0 M \nabla H \qquad （3-56）$$

利用莱布尼兹对积分上限取导数公式可得

$$\nabla \int_0^H M dH = M \nabla H + \int_0^H (\nabla M)_H dH \qquad （3-57）$$

对于 $\rho_f = const$ 的磁性液体，其饱和磁化强度 M 与外磁场 H 和 T 有关，即存在函数关系 $M = M(H,T)$，所以 $(\nabla M)_H = \frac{\partial M}{\partial T} \nabla T$，结果为

$$M \nabla H = \nabla \int_0^H M dH - \int_0^H \frac{\partial M}{\partial T} \nabla T dH \qquad （3-58）$$

因为重力 $\rho_f g$ 是有势的，所以有

$$\rho_f g = -\nabla(\rho_f gh) \qquad （3-59）$$

又有矢量恒等式为

$$\nabla^2 V = \nabla(\nabla \cdot V) - V \times (\nabla \times V) = 0 \qquad （3-60）$$

将上面所有结果代入式（3-12）并合并算子 ∇，得

$$\nabla \left[-\rho_f \frac{\partial \varphi_v}{\partial t} + \frac{1}{2} \rho_f gh + p^* - \mu_0 \int_0^H M dH \right] + \mu_0 \int_0^H \frac{\partial M}{\partial T} \nabla T dH = \mathbf{0} \qquad （3-61）$$

式（3-18）即磁性液体的伯努利方程的一般形式。

当磁性液体流动是等温的，即 $\nabla T = 0$，流场中温度远低于居里温度，即 $\frac{\partial M}{\partial T} = 0$，如果流动是定常的，上述方程可以得到进一步简化

$$p^* + \frac{1}{2}\rho_f V^2 + \rho_f gh - \mu_0 \int_0^H \boldsymbol{M} \mathrm{d}\boldsymbol{H} = C \qquad （3-62）$$

其中 C 为常数。

$$p^* = p + p_m + p_s \qquad （3-63）$$

p_m 为磁性液体的磁化压力：

$$p_m = \mu_0 \int_0^H \boldsymbol{M} \mathrm{d}\boldsymbol{H} \qquad （3-64）$$

p_s 为磁性液体的磁致伸缩压力：

$$p_s = -\mu_0 \int_0^H \rho_f \frac{\partial \boldsymbol{M}}{\partial \rho_f} \mathrm{d}\boldsymbol{H} \qquad （3-65）$$

对于磁化强度 $\boldsymbol{M}$ 与密度 ρ_f 成正比的磁性液体，$p_m + p_s = 0$，就得到更为简单的结果

$$p + \frac{1}{2}\rho_f V^2 + \rho_f gh - \mu_0 \int_0^H \boldsymbol{M} \mathrm{d}\boldsymbol{H} = C \qquad （3-66）$$

3.2.5　磁性液体运动方程

磁性液体运动方程基本形式是在普通流体运动方程的基础上推导出来的，普通的运动方程为

$$\rho \frac{\partial V}{\partial t} + \rho V \cdot \nabla V = \boldsymbol{f}_b - \nabla_p + \eta \nabla^2 V \qquad （3-67）$$

式中 $\boldsymbol{f}_b$ 为体积力；η 是普通流体动力黏性系数。但是它受到的彻体力不仅有重力场产生的重力，还有外磁场产生的磁力。因此，磁场液体的运动方程为

$$\rho_m \frac{\mathrm{d}V}{\mathrm{d}t} + \rho_m V \cdot \nabla V = \boldsymbol{f}_g + \boldsymbol{f}_p + \boldsymbol{f}_\eta + \boldsymbol{f}_z + \boldsymbol{f}_m \qquad （3-68）$$

其中 $\boldsymbol{f}_g$ 是磁性液体受到的重力，其式为

$$\boldsymbol{f}_g = \rho_f g \qquad （3-69）$$

式中 g 是重力加速度。

$\boldsymbol{f}_p$ 是压力梯度，它是一种表面力，其式为

$$\boldsymbol{f}_p = -\nabla p \qquad （3-70）$$

式中 p 是压力。

f_η是黏性力，其式为

$$f_\eta = \frac{\partial}{\partial x_j}\left[\eta_H\left(\frac{\partial u_i}{\partial x_j} + \frac{\partial u_j}{\partial x_i}\right) - \left(\frac{2}{3}\eta_H\nabla\cdot\nabla V\right)\sigma_{ij}\right] \tag{3-71}$$

式中η_H磁性液体的黏性系数；下标i和j均对应于1，2，3。在直角坐标系中分别表示为x，y，z方向。σ_{ij}是克罗内克函数，它定义为

$$\sigma_{ij} = \begin{cases} 1, & i = j \\ 0, & i \neq j \end{cases}$$

f_z是由于液固两相涡旋的速度发生滞后产生的附加力，其式为

$$f_z = \frac{\phi J_l}{2t_s V_{pl}}\nabla\times\left(\omega_c - \omega_p\right)f \tag{3-72}$$

f_m是磁场产生的磁场力，是磁性液体特有的一种彻体力。外磁场就是通过这种力来控制磁性液体的流动，f_m仅在非均匀磁场中产生，理论推导过程如下：

单个微粒体积$V_{pl} = 1/6\pi d_p^3$，设磁性液体的体积为V_f，则在磁性液体中体积V_f的固相微粒数N_p为

$$N_p = \frac{\phi V_f}{V_{pl}} = \frac{6\phi}{\pi d_p^3}V_f \tag{3-73}$$

则在单位体积的磁性液体中包含的固相微粒数$n_p = 6\phi/\pi d_p^3$。取$\phi = 0.06$，$d_p = 8\times10^{-7}$ cm，得$n_p = 2.24\times10^{17}$颗/cm³，如此巨大的数密度从而获得巨大的表面积，固相微粒总表面积为$n_p S_{pl} = 6\phi/d_p = 45$ m²/cm³，即每毫升的磁性液体，固相微粒的总表面积是45 m²。

$$f_m = M\cdot\nabla B_0 + M\times\left(\nabla\times B_0\right) + B_0\times(\nabla\times M) \tag{3-74}$$

3.3　胶接面剪滞模型理论

分瓣式磁性密封胶密封是由两瓣壳体结合为整体外壳结构，两瓣壳体交接面处采用平面密封技术，当内部密封气体产生一定压力时，使得胶体和壳体交

接面处形成剪切变形，假设胶涂层厚度保持不变，两瓣壳体的变形可以忽略不计。胶涂层与半壳体之间的弹性受力与材料各向同性。符合 Volkersen 剪滞模型理论假设条件。

图 3-3 为分瓣式密封装置内部气体产生压力时胶涂层变形模型，图中：δ_x 为胶涂层的变形位移，P 为气体压力，τ_x 为胶涂层受到的剪切力，L 为胶涂层长度，t_1、t_3、t_2 为上半壳体，胶涂层，下半壳体的厚度。

$$\delta_x = -\int_{-L/2}^{x} \varepsilon_1 \mathrm{d}x + \int_{-L/2}^{x} \varepsilon_2 \mathrm{d}x \tag{3-75}$$

式中 ε_1 和 ε_2 为上半壳体和下半壳体与 $-l/2$ 处的相对位移。

$$\varepsilon_1 = \frac{1}{Et_1}\left(P - \int_{-L/2}^{x} \tau_x \mathrm{d}x\right) \tag{3-76}$$

$$\varepsilon_2 = \frac{1}{Et_2}\left(\int_{-L/2}^{x} \tau_x \mathrm{d}x\right) \tag{3-77}$$

式中上下半壳体材料相同，E 为上下半壳体的杨式模量。

$$\delta_x = \frac{t_3}{G}\tau_x \tag{3-78}$$

式中 G 为胶涂层的剪切模量。将式（3-37）～式（3-35）带入式（3-34）得出

$$\tau_x'' = \omega^2 \tau_x \tag{3-79}$$

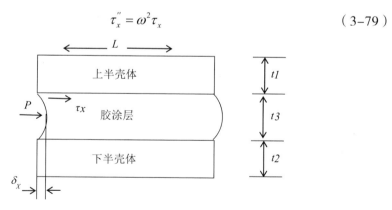

图 3-3　胶涂层变形模型

假设 $t_1 = t_2 = t$，A_1 和 A_2 是由边界载荷条件决定的常数，则

$$\tau_x = A_1 \cosh \omega x + A_2 \sinh \omega x \tag{3-80}$$

对式（3-39）进行无量纲处理

$$\overline{\tau} = \frac{\tau_x}{\tau_m} \tag{3-81}$$

式中 τ_m 是平均剪切应力。根据适当的边界条件，我们得到的剪切应力的分布。

$$\overline{\tau} = \frac{\omega}{2} \frac{\cosh \omega X}{\sinh \omega / 2} + \left(\frac{\varphi - 1}{\varphi + 1}\right) \frac{\omega}{2} \frac{\sinh \omega X}{\cosh \omega / 2} \tag{3-82}$$

式中

$$\omega^2 = (1 + \varphi)\phi \tag{3-83}$$

$$\varphi = t_1 / t_2 \tag{3-84}$$

$$\phi = \frac{Gl^2}{Ett_3} \tag{3-85}$$

$$X = x / l \tag{3-86}$$

$$-\frac{l}{2} \leqslant X \leqslant \frac{l}{2} \tag{3-87}$$

假设上、下两瓣壳体厚度相同。

$$t_1 = t_2 = t \tag{3-88}$$

$$\varphi = 1 \tag{3-89}$$

$$\omega = \sqrt{2\phi} \tag{3-90}$$

最大剪切力处于壳体的两端。

$$\overline{\tau}_{\max} = \sqrt{\frac{\phi}{2}} \coth \sqrt{\frac{\phi}{2}} \tag{3-91}$$

$$\overline{\tau}_{\max} = \sqrt{\frac{Gl^2}{2Ett_3}} \tag{3-92}$$

$$\tau_{\max} = \sqrt{\frac{G}{2Ett_3}} \tag{3-93}$$

最大胶接剪切力的计算能够为分瓣式结构密封失效的预估提供理论依据。

3.4 磁性密封胶密封耐压理论

3.4.1 磁性密封胶平面密封结构

图 3-4 为分瓣式磁性密封胶密封结构径向极靴处切面图，可见分瓣式磁性密封胶密封是磁性液体旋转密封与磁性密封胶平面密封相结合的密封方式。从图 3-5 磁性密封胶平面密封放大部分，能够看出其磁回路是由永磁体，导磁壳体，极靴，磁性密封胶，导磁壳体，永磁体，极靴，磁性密封胶，永磁体组成，永磁体作为整个磁回路的磁源，提供的磁通量将磁性密封胶按照磁力线方向束缚在极靴和半壳体的空隙内，磁性密封胶受到磁场力的作用涂满整个间隙，加上磁性密封胶的胶粘力能够更好的抵抗两侧的压差，从而实现密封的目的。

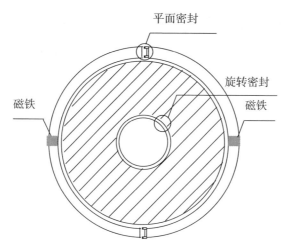

图 3-4 分瓣式磁性密封胶密封结构径向极靴处切面图

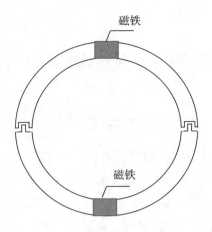

图 3-5　胶接平面处结构图

3.4.2　磁性密封胶平面处等效磁路

其等效磁路如图 3-6 所示，其中 ϕ_m 为永久磁铁的磁通量，ϕ_{mi} 为密封间隙处磁性密封胶的磁通量，R_m 为永磁体的磁阻，R_{gi} 为密封间隙处磁性密封胶的磁阻。永久磁铁的磁导率为 μ_m，F_c 为磁动势，$\boldsymbol{B}_r$ 为剩磁，$\boldsymbol{H}_c$ 为矫顽力，l_m 为磁铁厚度，则有

$$R_m = \frac{l_m}{\mu_m S_m} = \frac{l_m \boldsymbol{H}_c}{\boldsymbol{B}_r S_m} \tag{3-94}$$

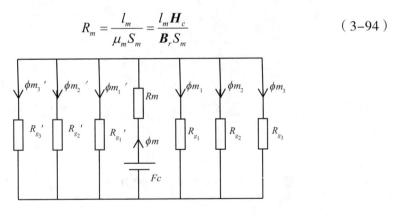

图 3-6　等效磁路

3.4.3　磁性密封胶平面密封性能的理论计算

近似计算磁性密封胶所受磁场作用下静密封的耐压公式为

$$\Delta p_m = \mu_0 M_s \sum_{i=1}^{N} \left(\boldsymbol{H}_{\max}^i - \boldsymbol{H}_{\min}^i \right) = M_s \sum_{i=1}^{N} \left(\boldsymbol{B}_{\max}^i - \boldsymbol{B}_{\min}^i \right) \tag{3-95}$$

式中 Δp_m 是指磁性密封胶在磁场作用下的理论耐压值，μ_0，M_s 分别是磁性密封胶的真空磁导率和饱和磁化强度，$\boldsymbol{H}_{\max}^i$，$\boldsymbol{H}_{\min}^i$ 分别是磁性密封胶平面密封结构中第 i 级极齿下的极靴与半壳体的密封间隙下的磁场强度的最大值和最小值，$\boldsymbol{B}_{\max}^i$，$\boldsymbol{B}_{\min}^i$ 分别是磁性液体平面密封结构中第 i 级极齿下的极靴与半壳体的密封间隙下的磁感应强度的最大值和最小值，N 是总密封级数。从式（3-95）中可以得出如果知道总的磁感应强度的差值，就能得到磁性液体平面密封的耐压压差。

基尔霍夫第一定律

$$\sum_i \phi_i = 0 \tag{3-96}$$

即磁回路中各段磁路的磁通量之和为零。

$$\sum_i U_{mi} = \sum_k F_{mk} \tag{3-97}$$

式中 U_{mi} 为磁场在该段磁路的磁压降；F_{mk} 为磁路的磁动势；$U_{mi} = H_l l_i$，其正方向与磁场方向相同；$F_{mk} = I_k N_k$，其正方向与电流方向相同。

磁路欧姆定律

$$\phi = \frac{NI}{l / \mu S} \tag{3-98}$$

设 R 是磁路中的磁阻。

$$R = \frac{l}{\mu S} \tag{3-99}$$

由图 3-5 得到任意一个极齿处的磁力线模型，如图 3-7 所示。将极齿周围的磁力线简化为圆弧，设中间垂直部分的磁阻为 R_1，根据磁阻式（3-57）得出

$$R_1 = \frac{l_g}{\mu_0 S_1} \tag{3-100}$$

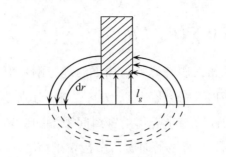

图 3-7　磁力线模型

设两边圆弧形磁力线的磁阻为R_2，L为极靴的长度，则有

$$\mathrm{d}R_2 = \frac{\pi r}{\mu_0 \mathrm{d}rL}\qquad(3\text{-}101)$$

设$t = \int \frac{1}{\mathrm{d}R_2}$，则有

$$t = \int \frac{1}{\mathrm{d}R_2} = \frac{\mu_0 L}{\pi}\int \frac{1}{r}\mathrm{d}r\qquad(3\text{-}102)$$

因为R_1和R_2为并联结构，所以

$$Rg_1 = \frac{1}{1/R_1 + t}\qquad(3\text{-}103)$$

由于$Rg_1 = Rg_2 = Rg_3 = Rg_1^{'} = Rg_2^{'} = Rg_3^{'}$，所以有

$$R_g = \frac{Rg_1}{6}\qquad(3\text{-}104)$$

磁路中的磁通

$$\phi_m = \frac{F_c}{R_m + R_g}\qquad(3\text{-}105)$$

按照磁通在每个极齿中的磁通量ϕ_{pt}相同来计算有

$$\phi_{pt} = \frac{\phi_m}{6}\qquad(3\text{-}106)$$

所以每个极齿下的磁感应强度$\boldsymbol{B}_{pt}$为

$$\boldsymbol{B}_{pt} = \frac{\phi_{pt}}{s}\qquad(3\text{-}107)$$

结合式（3-100）～式（3-107）带入式（3-95）可以求出分瓣式磁性密封胶平面密封处所受磁场力作用下的理论耐压值。

根据式（3-93）可以看出磁性密封胶除了受到磁场力起到密封作用，还受到胶粘力的作用，其受到胶粘力的最大剪切力对应的耐压计算理论公式为

$$\Delta p_a = \sqrt{\frac{G}{2Ett_3}} \qquad （3-108）$$

式中Δp_a为磁性密封胶所受到胶粘力作用下对应的耐压理论值，t_3为两瓣壳体的理论密封间隙，G为磁性密封胶的剪切模量，E为两瓣壳体的杨式模量，t为两瓣壳体的高度，根据分瓣式密封结构的肩宽占整个宽度的比例与肩宽及密封间隙对应得到的。

$$t_3 = \frac{2 \times j_k \times \left(j_h + l_g\right)}{l_d} + \left(1 - \frac{2 \times j_k}{l_d}\right) \times l_g \qquad （3-109）$$

式中l_d为密封装置半壳体的厚度，l_g为两瓣壳体的间隙，j_h为肩高，j_k为肩宽，后面章节有关于肩高和肩宽的讨论。

结合式（3-95）和式（3-66）得出磁性密封胶受到的整体静态耐压值

$$\Delta p = \Delta p_a + \Delta p_m = \sqrt{\frac{G}{2Ett_3}} + M_s \sum_{i=1}^{N} \left(B_{\max}^i - B_{\min}^i\right) \qquad （3-110）$$

3.5 本章小结

因为磁性密封胶也属于一种磁性液体，所以磁性密封胶遵守磁性液体的一些基本理论。本章首先概述了磁性液体磁场理论基础，即麦克斯韦方程组理论、高斯定理和安培环路定理，又概述了磁性液体动力学理论，包括磁性液体能量守恒理论、磁性液体动量守恒理论。根据胶接面剪滞模型理论，推导出最大胶接剪切力的理论计算公式。构建磁性密封胶平面密封结构，画出该结构的交接平面处的等效磁路，推导出磁性密封胶磁性耐压能力理论公式。结合磁性密封胶同时具有黏性和磁性的特性，推导出磁性密封胶在分瓣式密封装置间隙处的耐压理论公式。

4 磁性密封胶密封性能理论分析

分瓣式结构磁性密封胶密封耐压理论包括两部分，一部分是内部轴旋转磁性液体密封理论，另一部分是外部磁性胶密封耐压理论。内部轴旋转磁性液体密封耐压理论是由一般磁性液体密封理论为基础推导出来的，已属成熟理论，本书不再赘述。外部磁性胶密封理论包括磁场力和胶粘力两部分组成，关于磁性密封胶的理论还未有学者报道，本章以胶的吸附理论、扩散理论、界面张力理论，以及 Bingham 流体和 Casson 流体的层流理论为基础，以非牛顿流体理论为指导，推导了磁性密封胶的连续性方程、能量守恒理论、运动方程理论。结合磁性密封胶的磁粘特性，推导出分瓣式结构磁性密封胶密封耐压理论。

4.1 胶体密封理论基础

胶体密封理论主要研究胶接力形成机理以及胶体受到剪切力变形的理论。随着胶体密封技术的飞速发展，胶接技术日益广泛地应用于航天、航空、汽车、机械、建筑、包装及日常生活等领域，这为胶体密封理论的研究提供了物质基础，也对胶体密封理论提出了新的课题。很早以前，胶接技术就已经被人们所熟知，但是，从近百年才开始有人相继研究相应的理论。直到 20 世纪 40 年代出现了几种有代表性的理论学说，与胶体密封理论相关的有 40 年代 Mclaren 等人提出的吸附理论，Voyutskii 等人提出的扩散理论以及界面张力理论。因为磁性密封胶属于非牛顿流体，又介绍了两种典型的非牛顿流体的层流理论，为磁性密封胶的动力学理论研究提供理论基础。

4.1.1　吸附理论

20 世纪 40 年代，由 Mclaren 等人提出的吸附理论认为胶接作用是上下两层被胶接物分子通过胶黏剂分子在界面层上相互吸附产生的，它包括物理吸附和化学吸附，而物理吸附则是胶接作用的普遍性原因。

吸附理论认为胶接过程可以划分为两个阶段。第一阶段，胶黏剂分子向被胶接物体表面扩散。第二阶段是吸附引力的产生。当胶黏剂分子和被胶接物体分子间距达到 10 Å以下时，便产生分子间引力，即范德华力。其作用能 E 的公式为

$$E = \frac{2}{R^6}\left(\frac{\mu^4}{3KT} + \alpha\mu^2 + \frac{3}{8}\alpha^2 I \right) \tag{4-1}$$

式中 μ 为分子偶极矩；α 为极化率；I 为分子电离能；R 为分子间距离；K 为玻尔兹曼常数；T 为绝对温度。

由式（4-1）可见，胶黏剂与被交接物的分子偶极矩越大，分子间距离越小，物理吸附对胶接强度的贡献越大。

胶接的吸附作用是胶体密封理论的基础，胶接的吸附作用有很多特例，如 McLaren 等人用醋酸乙烯 – 氯乙烯 – 顺丁烯二酸共聚物胶接玻璃，当改变共聚物中的—COOH（羟基）浓度时，发现剥离强度 F 与—COOH 基浓度存在如下关系：

$$F = k\left[\text{—COOH} \right]^n \qquad n = 0.5 \sim 0.75 \tag{4-2}$$

式中 k 为常数。

等温吸附的 Freudlich 方程为

$$\frac{x}{m_x} = KP^n \tag{4-3}$$

式中 x 为被吸附的溶质或气体的量；m_x 为吸附剂的总量；x/m 为吸附强度；P 为吸附平衡时，溶质的浓度或气体压力；K，n 为吸附体有关的特性参数。

显然上例的剥离强度与羧基浓度的关系基本上遵循吸附规律。从理论上证明了胶接过程中的吸附本质。

De Bruyne 利用环氧树脂胶接铝合金，其剪切强度与环氧树脂中的—OH 基含量之间存在如下关系：

$$F = A + B[-\text{OH}]^{2/3} \qquad (4-4)$$

式中 A、B 为常数。

吸附理论通过分子间作用力正确地解释了胶接现象，得到广泛的支持，但它还存在着明显的不足：吸附理论把胶接作用主要归于分子间的作用力，然后，胶黏剂与被胶接物之间的胶接力大于胶黏剂本身的强度，这一点吸附理论不能很好地解释；吸附理论认为，测定胶接强度时，胶接力的大小应当与分子间的分离速度无关，然而，结论却恰恰相反，这一点吸附理论也不能解释；吸附理论还不能解释当相对分子质量超过 5000 时，胶接力几乎消失等现象。这些事实足以说明，吸附理论尚不完善。

另外，许多胶接体系与酸碱配位作用有关，如而不能用范德华力解释，如许多高分子化合物的原子、基团都有电子受体或电子给体的性质，都可通过酸碱配位作用形成胶接力。但酸碱配位作用实质上是分子间相互作用的一种形式，因此，酸碱配位作用可视为吸附理论的一种特殊形式。

4.1.2 扩散理论

扩散理论也是胶体密封理论的基础，扩散理论是 Voyutskii 基于高分子链段越过界面相互扩散产生分子缠绕强化结合而产生胶接强度而提出的。扩散理论认为胶黏剂和被黏物分子通过相互扩散而形成牢固的接头。两种具有相溶性的高聚物相互接触时，由于分子或链段的布朗运动而相互扩散。在界面上发生互溶，导致胶黏剂和被黏物的界面消失和过渡区的产生，从而形成牢固的接头。

扩散理论的热力学条件，在互溶或扩散过程中，体系的自由能变化可用下式表示：

$$\Delta G = \Delta H - T\Delta S \qquad (4-5)$$

式中，ΔG 为体系的自由能变化；ΔH 为体系的热焓变化；ΔS 为熵变；T 为绝对温度。

当互溶或扩散过程的 $\Delta G \leqslant 0$ 时，过程可以自动进行。对于两种高分子化合物的互溶过程，体系的热焓变化可用下式计算：

$$\Delta H = (x_1 v_1 + x_2 v_2)\left(\partial_1^2 + \partial_2^2 - 2\varphi \partial_1 \partial_2\right)\varphi_1 \varphi_2 \qquad (4-6)$$

式中 x_1、x_2 分别为两种高分子的摩尔分子分数；φ_1、φ_2 分别为两种高分子的体积分数；∂_1^2、∂_2^2 分别为两种高分子的内聚能密度；∂_1、∂_2 分别为两种高分子的溶解度参数；v_1、v_2 分别为两种高分子的摩尔分子体积；φ 为两种高分子的相互作用常数。

体系的熵变为

$$\Delta S = -R\left(x_1 \ln \varphi_1 - x_2 \ln \varphi_2\right) \qquad (4\text{-}7)$$

式中 R 为气体常数。

溶解或扩散过程，混乱度增大，体系的熵变 $\Delta S>0$。要满足 $\Delta G<0$，必须 $\Delta H<0$ 或者 $\Delta H \leq T\Delta S$。对高分子化合物而言，摩尔分子体积很大，从式（4-7）看出，只有当 $\partial_1=\partial_2$ 时，才能满足扩散热力学条件，一般情况，$(\partial_1-\partial_2) \leq 1.7\sim2.0$，溶剂和高聚物的溶解过程才能进行。$(\partial_1-\partial_2) \geq 2.0$，溶解就无法进行。因此，通常情况，只有同类高分子化合物才能互溶和扩散。所以，扩散理论适用于解释同种或结构、性能相近的高分子化合物的胶接作用。

要提高高分子材料的胶接强度，必须选择溶解度参数与被胶接物尽可能接近的胶黏剂，以便于被胶接材料与胶勃剂界面上的链段扩散。

扩散的动力学条件，根据 Fick 扩散定律，扩散速度 $\mathrm{d}m/\mathrm{d}t$ 可用下式表示：

$$\frac{\mathrm{d}m}{\mathrm{d}t} = -D\frac{\mathrm{d}c}{\mathrm{d}x} \qquad (4\text{-}8)$$

式中 m 为单位接触面积扩散物质的数量；t 为时间；D 为扩散系数；$\mathrm{d}c/\mathrm{d}x$ 为浓度梯度。负号表示扩散方向与浓度增加方向相反。

扩散系数不是一个恒值，它受扩散进程、温度、扩散物质的相对分子质量和分子结构的影响。扩散系数 D 与扩散进程的关系为

$$D_\varphi = D_0\left[\frac{D_1}{D_0}\right]^{1-\exp[-\beta\varphi(1-\varphi)]} \qquad (4\text{-}9)$$

式中 φ 为已扩散物质的体积分数；D_φ 为扩散进程为 φ 时的扩散系数；D_0 为初始扩散系数；D_1 为扩散终止时的扩散系数；β 为常数。

扩散系数 D 与温度及扩散形态的关系：

$$D = kT / F \qquad (4\text{-}10)$$

式中 k 为玻尔兹曼常数；F 为溶解物粒子以单位速度运动时，与液体的摩擦力。

F 的大小与自身的粒度、形状有关，同时也受溶剂的黏度等影响。

扩散系数 D 与扩散物相对分子质量的关系：

$$D = k'M^{-\alpha} \tag{4-11}$$

式中 k' 为常数；M 为扩散物的相对分子质量；α 为体积的特征常数。

扩散系数 D 受分子结构的影响主要表现在扩散聚合物的空穴体积。单元链段内存在空穴和链段间的自由空间越大，扩散越容易。

橡胶态物质的自黏力 F 与扩散系数 D 的关系：

$$F = \left(\rho / M \cdot D\right)^{1/2} t^{1/2} \tag{4-12}$$

式中 t 为接触时间；ρ 为密度。

在胶接体系中，适当降低相对分子质量，有助于提高扩散系数，改善胶接性能。提高两种聚合物的接触时间和胶接温度，都可增强扩散作用，从而提高胶接强度。

4.1.3　界面张力理论

以湿润角度理解胶接问题，即为界面张力理论，该理论也是胶体密封理论的基础，胶接时，首先胶黏剂（液体）必须在被胶接体（固体）表面浸润扩散开，这是获得高强度胶接接头的必要条件。

胶黏剂液滴与被胶接固体表面接触时，其平衡状态如图 4-1 所示。经过固、液、气三相交界线上一点的液面切线与液体附着面一侧的夹角 θ，称为接触角。当三相平衡时：

$$\gamma_{SV} = \gamma_{LV} \cos\theta + \gamma_{SL} \tag{4-13}$$

$$\gamma_S = \gamma_{SV} + \pi \tag{4-14}$$

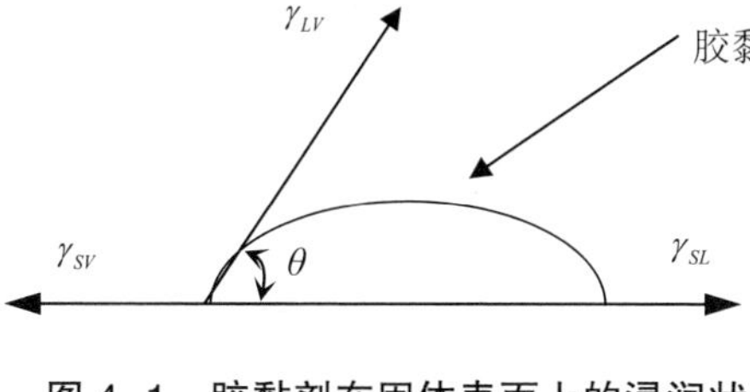

图 4-1　胶黏剂在固体表面上的浸润状态

式中 γ_{SV} 为固/气界面张力；γ_{LV} 为液/气界面张力；γ_{SL} 为固/液界面张力；γ_S 为真空状态下固体的表面张力；π 为吸附于固体表面的气体膜压力，也称吸附自由能。

对于有机高分子等低表面能来讲，$\gamma_S = \gamma_{SV}$，则有

$$\gamma_S = \gamma_{SL} + \gamma_{LV}\cos\theta \tag{4-15}$$

当 θ=180°，$\cos\theta$=-1，表示胶液完全不能浸润被胶接固体的状态，这种状态在实际上是不可能的。

当 θ=0°，$\cos\theta$=1，代表完全浸润状态。

$$\gamma_S - (\gamma_{SL} + \gamma_{LV}) \geq 0 \tag{4-16}$$

$$\varphi = \gamma_S - (\gamma_{SL} + \gamma_{LV}) \tag{4-17}$$

式中设 φ 为铺展系数。用于描述浸润特性。

对于一般有机物的液、固体系，γ_{SL} 可忽略不计，则有

$$\gamma_S \geq \gamma_{LV} \tag{4-18}$$

胶接体系只有满足上述条件，即被胶接物表面能大于或等于胶黏剂的表面能，才有可能出现 $\cos\theta$=1，从而获得形成良好胶接接头的必要条件，这也是选择胶黏剂时的必要条件。

实际上 γ_{LV} 和 $\cos\theta$ 是可以通过实验测定的，而 γ_S 和 γ_{SL} 的测定是非常困难的。这个问题可以通过临界表面张力来解决。

胶接张力 A_a 可由下式来表示，也称其为湿润压

$$A_a = \gamma_{SV} - \gamma_{SL} = \gamma_{LV}\cos\theta \tag{4-19}$$

它表示当液体浸润固体表面时，固体的表面自由能减少的量。自然界的物体其自由能都向减少方向进行，此值越大浸润越容易。当 γ_{LV} 一定时，即胶黏剂固定，改变被胶接体时，$\cos\theta$ 越大，湿润越好。

但是，对于某种被胶接物在选定胶黏剂时，$\cos\theta$ 与 γ_{LV} 也随之改变，因此只由接触角 θ 来判断湿润状况是危险的。

4.1.4　Bingham 流体层流理论

Bingham 流体为典型的非牛顿流体，Bingham 流体的层流理论能够为胶体密封理论提供理论基础。由于切应力在管轴处为零，管壁处最大，在断面上切应力成直线分布。在切应力小于屈服值 τ_0 的区域内流体将不发生相对运动。如果管壁切应力小于屈服值，则整个断面上流速都等于零。因此 Bingham 流体在管内产生流动的条件为 $\tau_w > \tau_0$。

$$\frac{\Delta pR}{2L} > \tau_0 \qquad (4\text{-}20)$$

设在半径为 r_0 处的切应力等于 Bingham 体的屈服值 τ_0，这样在 $r \geqslant r_0$ 区域内，其切应力大于屈服值，即 $\tau > \tau_0$，因此能产生流动。而 $r \leqslant r_0$ 区域内，切应力小于屈服值，因而不能产生相对运动，只能像固体一样随着半径为 γ_0 处的液体向前滑动。这样管内固液两态并存，流动就分为两个区域，流体质点间无相对运动的部分称为核区，流核以外的称速梯区，如图 4-2 所示。

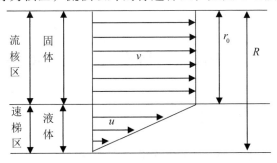

图 4-2　Bingham 流体的流速分布

屈服应力发生在两区的交界面上，当 $r=r_0$，代入均匀流动方程式，即可得

$$r_0 = \frac{2\tau_0 L}{\Delta p} \qquad (4\text{-}21)$$

随着压差 Δp 的增大，流核半径 r_0 逐渐缩小，速梯区的范围逐渐扩大。

设当管壁切应力等于屈服值时的管压降为 Δp_0，则

$$\tau_0 = \frac{\Delta pR}{2L} \qquad (4\text{-}22)$$

这样 Bingham 体在管路中产生流动的条件便是 $\Delta p > \Delta p_0$。则

$$\frac{\tau_0}{\tau_w} = \frac{\Delta p_0}{\Delta p} = \frac{\gamma_0}{R} \qquad (4\text{-}23)$$

4.1.5　Casson 流体层流理论

Casson 流体是另一种具有屈服值的非牛顿流体，Casson 流体层流理论也能够为胶体密封理论提供理论基础。设 Casson 流体的屈服值为 τ_C，则当管壁切应力 $\tau_w < \tau_C$ 时，液体在管内将不发生流动，Casson 流体在管内产生流动的

条件是 $\tau_w > \tau_C$，即

$$\tau_C < \frac{\Delta p R}{2L} \tag{4-24}$$

设 $r=r_0$ 处的切应力为 τ_C，则

$$\tau_C = \frac{\Delta p r_0}{2L} \tag{4-25}$$

半径 r_0 把 Casson 流体在管流分成两部分，即 $r \geqslant r_0$ 为流体，$r < r_0$ 为固体。

4.2 磁性密封胶动力学理论推导

4.2.1 磁性密封胶连续性方程

设有一个密度场 $\rho(x,t)$，质点集合的总质量为

$$m = \int_{V_t} \rho(x,t)\, \mathrm{d}V_t \tag{4-26}$$

根据质量守恒定律，得到积分形式的质量守恒定律

$$\frac{\mathrm{d}m}{\mathrm{d}t} = \int_{V_t} \left(\frac{\mathrm{d}\rho}{\mathrm{d}t} + \rho \nabla V \right) \mathrm{d}V_t = 0 \tag{4-27}$$

因为体积 V_t 是任意的，得出一般非牛顿流体的连续性方程：

$$\frac{\partial \rho}{\partial t} + \nabla(\rho V) = 0 \tag{4-28}$$

将磁性密封胶两相混合物的密度 ρ_a 带入到式（4-28）得到磁性液体的质量守恒方程：

$$\frac{\partial \rho_a}{\partial t} + \nabla \cdot (\rho_a V) = 0 \tag{4-29}$$

因为磁性密封胶是由密封胶和固体颗粒组成的，但固体颗粒在密封胶中的分布是不均匀的，并且随着时间变化，也就是说 ρ_a 不是常数，固相颗粒的体积分量是时间和坐标的函数。

$$\rho_a = (1-\phi)\rho_{Nm} + \phi\rho_{Na} \tag{4-30}$$

ρ_{Nm} 和 ρ_{Na} 分别是固相颗粒和密封胶的密度。

将式（4-30）代入式（4-29）中得出

$$\frac{\partial}{\partial t}\Big[(1-\phi)\rho_{Nm}+\phi\rho_{Na}\Big]+\nabla\cdot\Big[(1-\phi)\rho_{Nm}+\phi\rho_{Na}\Big]V=0 \qquad (4-31)$$

因为ρ_{Nm}和ρ_{Na}都是常数，所以式（4-31）可写成

$$(\rho_{Nm}-\rho_{Na})\frac{\partial\phi}{\partial t}+\rho_{Nm}\nabla\cdot V+(\rho_{Na}-\rho_{Nm})\nabla\cdot(\phi V)=0 \qquad (4-32)$$

对于定常流，ϕ与时间无关，则式（4-32）可写成

$$\nabla\cdot V+\left[\frac{\rho_{Na}}{\rho_{Nm}}-1\right]\nabla\cdot(\phi V)=0 \qquad (4-33)$$

若ϕ为常数，那么ρ_a也是常数，式（4-33）变为

$$\nabla\cdot V=0 \qquad (4-34)$$

可见，当ϕ为常数时，磁性密封胶的连续性方程和普通非牛顿流体的完全一致。

4.2.2 磁性密封胶能量守恒方程

仅有连续性方程尚不能充分描述流体的物理现象，推导磁性密封胶的能量守恒方程具有非常重要的意义，针对普通非牛顿流体来说，与运动紧密联系的机械能连续转变为内能，同时，热能又转变为机械能，对于一质点集合，设单位质量的内能为e，则其总能量为

$$E=\int_{V_t}\rho\left(e+\frac{V^2}{2}\right)\mathrm{d}V_t \qquad (4-35)$$

能量E随时间的变化主要来自两个方面，即外力所做的功和外界输入的热量，即

$$E=W+Q \qquad (4-36)$$

外力做功等于应力t在体积表面做功和质量力的做功，即

$$W=\int_{\Sigma_t}Vt\mathrm{d}A_t+\int_{V_t}\rho Vf\mathrm{d}V_t \qquad (4-37)$$

单位时间内，外界输入的热量等于

$$Q=-\int_{\Sigma_t}qn\mathrm{d}A_t \qquad (4-38)$$

式中q为单位时间内通过单位表面元的热流。

联合式（4-36）～式（4-38），可推得普通非牛顿流体能量守恒定律为

$$\frac{\mathrm{d}}{\mathrm{d}t}\int_{V_t}\rho\left(e+\frac{V^2}{2}\right)\mathrm{d}V_t=\int_{\Sigma_t}(Vt-qn)\mathrm{d}A_t+\int_V\rho Vf\mathrm{d}V_t \tag{4-39}$$

根据质量守恒定律、应力张量 P 为对称张量、体积 V_t 是任意的，可将能量守恒定律化为

$$\rho\left(\frac{De}{Dt}+V\frac{DV}{Dt}\right)=(\rho Vf+\nabla pV)-\nabla q+\phi \tag{4-40}$$

方程等号左边是指单位体积流体中的内能，等号右边第一项是外力做功项，第二项是指外界输入的热量，即传导项，最后一项是指机械功耗项。磁性密封胶是一种两项混合物，在普通非牛顿流体的能量守恒方程的基础上讨论磁性密封胶的能量守恒理论。

（1）磁性密封胶单位体积的内能除了热能以外还有磁能，主要表现公式为

$$\left(c_V+B_0\frac{\partial M}{\partial T}\right)\frac{\mathrm{d}T}{\mathrm{d}t}+\mu_0\left(T\frac{\partial M}{\partial T}+H\frac{\partial M}{\partial H}\frac{\mathrm{d}H}{\mathrm{d}t}\right)$$

（2）单位体积磁性密封胶的外力做功项与普通非牛顿流体不同，它除了包括普通非牛顿流体外力做功以外还包括磁场对磁性密封胶所做的功，所以外力做功项为

$$\rho Vf+\nabla pV+B_0\left(\frac{\partial M}{\partial T}\frac{\mathrm{d}T}{\mathrm{d}t}+\frac{\partial M}{\partial H}\frac{\mathrm{d}H}{\mathrm{d}t}\right)$$

（3）通过热传导加入到单位体积磁性密封胶中的热量为

$$-\nabla q$$

（4）不可逆的机械功耗散 ϕ 中因为磁性密封胶受到外界磁场的作用，其黏性系数应采用外磁场作用下的黏性系数 η_H。

结合（1）～（4）代入式（3-40）得出磁性密封胶的能量守恒方程为

$$\left(c_V+B_0\frac{\partial M}{\partial T}\right)\frac{\mathrm{d}T}{\mathrm{d}t}+\mu_0\left(T\frac{\partial M}{\partial T}+H\frac{\partial M}{\partial H}\frac{\mathrm{d}H}{\mathrm{d}t}\right)=$$
$$\rho Vf+\nabla pV+B_0\left(\frac{\partial M}{\partial T}\frac{\mathrm{d}T}{\mathrm{d}t}+\frac{\partial M}{\partial H}\frac{\mathrm{d}H}{\mathrm{d}t}\right)-\nabla q+\phi \tag{4-41}$$

对式（4-41）化简得到

$$c_V\frac{\mathrm{d}T}{\mathrm{d}t}+\mu_0T\frac{\partial M}{\partial T}=\rho Vf+\nabla pV-\nabla q+\phi \tag{4-42}$$

4.2.3　磁性密封胶运动方程

磁性密封胶在固化前属于非牛顿流体，其受到重力、表面张力、黏性力、磁场力的作用，与磁性液体所受作用力相同，所以参照磁性液体的运动方程一般形式来推导磁性密封胶的运动方程。

$$\rho_a \frac{\mathrm{d}V}{\mathrm{d}t} = f_g + f_m + f_p + f_\eta \qquad （4-43）$$

式中ρ_a为磁性密封胶密度，f_g为磁性密封胶重力，其式为

$$f_g = \rho_a g \qquad （4-44）$$

式中g是重力加速度。

f_p是压力梯度，是一种表面力，其式为

$$f_p = -\nabla p \qquad （4-45）$$

式中p是压力。

f_η是黏性力，也是一种表面力，其式为

$$f_\eta = \eta_H \nabla 2V + \frac{1}{3}\eta_H \nabla(\nabla \cdot V) \qquad （4-46）$$

式中η_H是磁性密封胶处于外磁场中的动力黏性系数，当不存在外磁场时，$H = 0$，η_H即为η_0。

f_m是磁场产生的磁场力，是磁性密封胶特有的一种彻体力，将热力学功和表面力的机械功相联系，理论推导f_m。

$$M = M(T, H, v) \qquad （4-47）$$

式中M为磁性密封胶磁化强度，T为温度，H为磁场强度，v为磁性密封胶的比容。

$$B = \mu_0(H + M) = B(T, H, v) \qquad （4-48）$$

式中B为磁性密封胶的磁感应强度，μ_0为真空磁导率，对式（4-48）微分得到

$$\mathrm{d}B = \frac{\partial B}{\partial T}\mathrm{d}T + \frac{\partial B}{\partial H}\mathrm{d}H + \frac{\partial B}{\partial v}\mathrm{d}v \qquad （4-49）$$

磁性密封胶在外磁场作用下所做的功包括两部分：一是将磁性密封胶内的

磁场强度从零提高到H所做的功；二是磁性密封胶磁化所做的功。假定B和H矢量平行。

$$dW = pdv - d(v\int_0^B H dB) \qquad (4-50)$$

式中dW为单位质量的磁性密封胶对外部所作的微元功，pdv为磁性密封胶的膨胀功，它是磁性密封胶对外部作的功，$d(v\int_0^B H dB)$是外磁场对磁性密封胶所作的功。对式（4-50）进行一系列推导可得到

$$dW = pdv - HBdv - HvdB + (dv)\int_0^H \frac{\partial(vB)}{\partial v} dH \qquad (4-51)$$

下面计算磁性密封胶表面上的应力由于体积变化而作的功。如图4-3所示表示在两块平行平板之间充满磁性密封胶，两板之间的距离是a，两板面缠有线圈，其螺旋角为φ。由于两级之间的距离远小于板的的长和宽，因此认为线圈在两板之间产生的磁场是均匀的。在两板的外部磁场强度很小，近似为零。

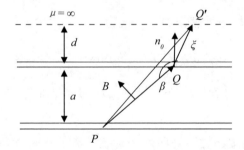

图4-3　推导表面应力的几何图

设τ为板的表面应力张量，磁性密封胶既有体积变化，还会发生变形，板上的Q点移动到Q'点，位移ξ不一定和板的法线n_0平行。表面应力所作的功可写成

$$dw = -Sn_0 \cdot \tau \cdot \xi \qquad (4-52)$$

式中S是板的表面积，联立式（4-51）和式（4-52）。

$$n_0 \cdot \tau \cdot \xi = \frac{dv}{S}[-p + HB - \int_0^H \frac{\partial(vB)}{\partial v} dH] + \frac{v}{S} HdB \qquad (4-53)$$

假定磁性密封胶完全填充上下两板，所以两板之间的容积就等于磁性密封胶的比容v。则$v = Sa$，$dv = Sda$。则式（4-53）可以转化为

$$n^o \cdot \tau \cdot \xi = \mathrm{d}a[-p + \boldsymbol{HB} - \int_0^H \frac{\partial(v\boldsymbol{B})}{\partial v}\mathrm{d}H] + a\boldsymbol{H}\mathrm{d}\boldsymbol{B} \qquad (4\text{-}54)$$

由图 4-3 可知如下几何关系：

$$\mathrm{d}(PQ) = PQ' = PQ = \xi \cos \beta \qquad (4\text{-}55)$$

通过线圈 $\overline{PQ}$ 的磁通，则

$$\varPhi_m = \boldsymbol{B}(\overline{PQ}) = const \qquad (4\text{-}56)$$

对式（4-56）两边得

$$\frac{\mathrm{d}\boldsymbol{B}}{\boldsymbol{B}} = -\frac{\mathrm{d}(\overline{PQ})}{\overline{PQ}} = -\frac{|\overline{PQ}|\xi \cos \beta}{|\overline{PQ}|\overline{PQ}} = -\frac{|\overline{PQ}| \cdot \xi}{|\overline{PQ}|\overline{PQ}} = -\frac{i_{PQ}^0 \cdot \xi}{|\overline{PQ}|\overline{PQ}} \qquad (4\text{-}57)$$

式中 i_{PQ}^0 是 $\overline{PQ}$ 方向的单位矢量，由图 4-3 的矢量关系得到

$$i_{PQ}^0 = \frac{(\boldsymbol{B} \times n^0) \times \boldsymbol{B}}{\boldsymbol{B}^2 \sin \varphi} \qquad (4\text{-}58)$$

$$\frac{\mathrm{d}\boldsymbol{B}}{\boldsymbol{B}} = \frac{-[(\boldsymbol{B} \times n^0) \times \boldsymbol{B}] \cdot \xi}{\boldsymbol{B}^2 a} \qquad (4\text{-}59)$$

$$\mathrm{d}a = n^0 \cdot \xi \qquad (4\text{-}60)$$

将式（4-59）和（4-60）带入公式（4-54）并化简得

$$n^0 \cdot \tau \cdot \xi = n^0 \cdot \xi[-p - \int_0^H \frac{\partial(\boldsymbol{B}v)}{\partial v}\mathrm{d}H] + (n^0 \cdot \boldsymbol{B})(\boldsymbol{H} \cdot \xi) \qquad (4\text{-}61)$$

$$\tau = -[p + \int_0^H \frac{\partial(\boldsymbol{B}v)}{\partial v}\mathrm{d}H]I^0 + \boldsymbol{BH} \qquad (4\text{-}62)$$

矢量 $\boldsymbol{B}$ 和 $\boldsymbol{H}$ 是相互平行的，$\boldsymbol{B} = \mu\boldsymbol{H} = \mu_0(\boldsymbol{H} + \boldsymbol{M})$，并且 $\boldsymbol{H}$ 是与 v 无关的独立变量。

$$\tau = -[p + \int_0^H \mu_0 \frac{\partial(\boldsymbol{M}v)}{\partial v}\mathrm{d}H + \frac{\mu_0}{2}H^2]I^0 + \boldsymbol{BH} \qquad (4\text{-}63)$$

根据表面力求彻体力，从磁性密封胶中取出一个微元体 $\mathrm{d}v_0$，它具有表面积 $\mathrm{d}S$。作用于微元体上的彻体力 $f\mathrm{d}v_0$，表面力是 $\mathrm{d}S \cdot \tau$。

$$\int_S \mathrm{d}S \cdot \tau = \int_{v_0} f\mathrm{d}v_0 \qquad (4\text{-}64)$$

由散度定理的

$$\int_S \mathrm{d}S \cdot \tau = \int_{v_0} \nabla \cdot \tau \mathrm{d}v_0 \qquad (4-65)$$

从式（4-64）和式（4-65）可以看出

$$f = \nabla \cdot \tau \qquad (4-66)$$

联立式（4-63）和式（4-66）

$$f = -\nabla \cdot [p + \int_0^H \mu_0 \frac{\partial (Mv)}{\partial v} \mathrm{d}H + \frac{\mu_0}{2} H^2] I^0 + \nabla \cdot (\boldsymbol{BH}) \qquad (4-67)$$

$$f = -\nabla [p + \mu_0 \int_0^H M \mathrm{d}H + \mu_0 \int_0^H v \frac{\partial M}{\partial v} \mathrm{d}H] + \mu_0 \boldsymbol{M} \cdot \nabla \boldsymbol{H} \qquad (4-68)$$

因为 $v = 1/\rho_f$，式（4-68）可写成

$$f = -\nabla [p + \mu_0 \int_0^H M \mathrm{d}H + \mu_0 \int_0^H \rho_f \frac{\partial M}{\partial \rho_f} \mathrm{d}H] + \mu_0 \boldsymbol{M} \cdot \nabla \boldsymbol{H} \qquad (4-69)$$

将 f 写成下面的形式

$$f = -\nabla p^* + f_k \qquad (4-70)$$

$$p^* = p + p_m + p_s \qquad (4-71)$$

式中 p_m 称为磁性密封胶的磁化压力。

$$p_m = \mu_0 \int_0^H M \mathrm{d}H \qquad (4-72)$$

p_s 是磁性密封胶在磁场中体积变化引起的压力称为磁致伸缩压力。

$$p_s = \mu_0 \int_0^H v \frac{\partial M}{\partial v} \mathrm{d}H = -\mu_0 \int_0^H \rho_f \frac{\partial M}{\partial \rho_f} \mathrm{d}H \qquad (4-73)$$

f_k 就是 Kelvin 力，它是由外磁场梯度而引起的彻体力，且 $\boldsymbol{M}$ 和 $\boldsymbol{H}$ 平行可得

$$f_k = \mu_0 \boldsymbol{M} \nabla \boldsymbol{H} \qquad (4-74)$$

因此磁场力 f_m 为

$$f_m = -\nabla (p_m + p_s) + \mu_0 \boldsymbol{M} \cdot \nabla \boldsymbol{H} \qquad (4-75)$$

最大胶接剪切力是计算磁性密封胶耐压理论的重要一部分（前面"3.3"节已经详细论述，此处不再赘述），它能够为分瓣式结构密封失效的预估提供理论依据。

近似计算磁性密封胶所受磁场作用下静密封的耐压公式为

$$\Delta p_m = \mu_0 M_s \sum_{i=1}^{N} \left(\boldsymbol{H}_{\max}^i - \boldsymbol{H}_{\min}^i \right) = M_s \sum_{i=1}^{N} \left(\boldsymbol{B}_{\max}^i - \boldsymbol{B}_{\min}^i \right) \quad (4-76)$$

式中Δp_m是指磁性密封胶在磁场作用下的理论耐压值，μ_0，M_s分别是磁性密封胶的真空磁导率和饱和磁化强度，$\boldsymbol{H}_{\max}^i$、$\boldsymbol{H}_{\min}^i$分别是磁性密封胶平面密封结构中第i级极齿下的极靴与半壳体的密封间隙下的磁场强度的最大值和最小值，$\boldsymbol{B}_{\max}^i$、$\boldsymbol{B}_{\min}^i$分别是磁性液体平面密封结构中第i级极齿下的极靴与半壳体的密封间隙下的磁感应强度的最大值和最小值，N是总密封级数。从式（4-76）中可以得出，如果知道总的磁感应强度的差值，就能得到磁性液体平面密封的耐压压差。

基尔霍夫第一定律

$$\sum_i \phi_i = 0 \quad (4-77)$$

即磁回路中各段磁路的磁通量之和为零。

$$\sum_i U_{mi} = \sum_k F_{mk} \quad (4-78)$$

式中U_{mi}为磁场在该段磁路的磁压降；U_{mk}为磁路的磁动势；$U_{mi} = H_i l_i$，其正方向与磁场方向相同；$F_{mk} = I_k N_k$，其正方向与电流方向相同。

磁路欧姆定律

$$\phi = \frac{NI}{l/\mu S} \quad (4-79)$$

设R是磁路中的磁阻。

$$R = \frac{l}{\mu S} \quad (4-80)$$

将极齿周围的磁力线简化为圆弧，设中间垂直部分的磁阻为R_1，根据磁阻公式（3-80）得出

$$R_1 = \frac{l_g}{\mu_0 S_1} \quad (4-81)$$

设两边圆弧形磁力线的磁阻为R_2，L为极靴的长度，则有

$$dR_2 = \frac{\pi r}{\mu_0 dr L} \quad (4-82)$$

设 $t = \int \dfrac{1}{\mathrm{d}R_2}$，则有

$$t = \int \frac{1}{\mathrm{d}R_2} = \frac{\mu_0 L}{\pi} \int \frac{1}{r} \mathrm{d}r \tag{4-83}$$

因为 R_1 和 R_2 为并联结构，所以

$$Rg_1 = \frac{1}{1/R_1 + t} \tag{4-84}$$

假设有几个极齿，所以有

$$R_g = \frac{Rg_1}{n} \tag{4-85}$$

磁路中的磁通量

$$\phi_m = \frac{F_c}{R_m + R_g} \tag{4-86}$$

按照磁通在每个极齿中的磁通量 ϕ_{pt} 相同来计算有

$$\phi_{pt} = \frac{\phi_m}{n} \tag{4-87}$$

所以每个极齿下的磁感应强度 $\boldsymbol{B}_{pt}$ 为

$$\boldsymbol{B}_{pt} = \frac{\phi_{pt}}{s} \tag{4-88}$$

结合式（4-81）～式（4-88）带入式（4-76），可以求出分瓣式结构磁性密封胶平面密封处所受磁场力作用下的理论耐压值。

根据式（3-92）可以看出磁性密封胶除了受到磁场力起到密封作用，还受到胶粘力的作用，其受到胶粘力的最大剪切力对应的耐压计算理论公式为

$$\Delta p_a = \sqrt{\frac{G}{2Ett_3}} \tag{4-89}$$

式中 Δp_a 为磁性密封胶所受到胶粘力作用下对应的耐压理论值，t_3 为两瓣壳体的理论密封间隙，G 为磁性密封胶的剪切模量，E 为两瓣壳体的杨式模量，t 为两瓣壳体的高度。

结合式（4-96）和式（4-109）得出磁性密封胶受到的整体静态耐压值

$$\Delta p = \Delta p_a + \Delta p_m = \sqrt{\frac{G}{2Ett_3}} + M_s \sum_{i=1}^{N}(\boldsymbol{B}_{max}^i - \boldsymbol{B}_{min}^i) \tag{4-90}$$

采用磁性密封胶的初衷是利用其磁性在磁场力的作用下自动填充间隙，而密封耐压性能是在磁性密封胶固化后实现的，此时磁性密封胶的整体耐压能力由黏性耐压主导，而相对的磁性耐压能力已经微乎其微了。

4.3 本章小结

本章首先概述了胶体密封的基础理论，包括吸附理论、扩散理论、界面张力理论，又介绍了两种典型非牛顿流体 Bingham 流体和 Casson 流体的层流理论，进而推导出磁性密封胶的连续性方程、能量守恒理论、运动方程。推导磁性密封胶的最大胶接剪切力的理论计算公式。构建磁性密封胶平面密封结构，画出该结构的交接平面处的等效磁路，推导出磁性密封胶磁性耐压能力理论公式。结合磁性密封胶兼具黏性和磁性的特性，推导出磁性密封胶在分瓣式密封装置间隙处的耐压理论公式。

5 分瓣式磁性密封胶密封微观界面数值分析

为了更准确合理地设计满足密封实用要求的分瓣式磁性密封胶密封装置，本章用 ABAQUS 模拟软件对随着温度的变化胶接面微观界面的形貌和尺寸参数不同时胶体的受力数值分析。

5.1 分瓣式胶接面受力分析

5.1.1 胶接面微观界面尺寸有限元模型的建立

假设胶涂层与基底结合良好，且上、下两瓣壳体为对称形状（如图 5-1 所示），建立了基体 / 胶涂层 / 基体的模型，因为基体的厚度远远大于胶涂层的厚度，且基体为 304 不锈钢刚性材料，假设它不变形，所以基体厚度取 1 mm 对仿真结果不会有影响。胶涂层用的是磁性密封胶，厚度取 1 mm。基体 / 胶涂层的材料属性如图 5-1 所示。模型上下边的所有节点的位移固定约束。在计算应力时为了得到较高的准确度，将接触区附近的网格细化。采用的单元类型为 CPE4T，共 1865 个节点（如图 5-2 所示）。

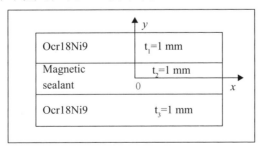

图 5-1 基体 / 胶涂层的材料属性

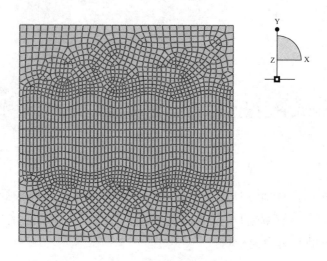

图 5-2　模型网格划分图

　　取正弦波形来研究界面尺寸对温度变化下残余应力的影响，进而得到对分瓣式磁性密封胶密封性能的影响，正弦波形界面尺寸包括微坑深度h，宽度λ，间距d，如图 5-3 所示。假设胶涂层和上下基体的界面为理想热接触，即温度和热流连续。由于内部轴转动或者外部热源导致温度升高，撤掉热源，使温度降至室温 25 ℃，使得胶涂层受到温差的影响，本书指定温差为 25 ℃。假设在该温度范围内，各个材料参数为定值，胶涂层材料表面参数参考如表 5-1 所示。研究胶涂层受热冷却后，界面尺寸对温度变化下残余应力的影响，进而得到对分瓣式磁性密封胶密封性能的影响。

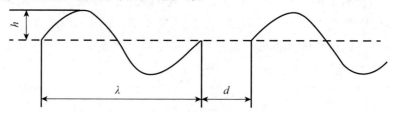

图 5-3　正弦波形界面形貌微结构示意图

表 5-1 基体与胶涂层材料参数

材料名称	密度 / (t/mm³)	弹性模量 / MPa	泊松比	热膨胀系数 / (10⁻⁶/℃)	比热容 / [J/(g·℃)]	热传导系数 / [W/(mm·℃)]
磁性密封胶	0.97×10^{-9}	2	0.49	310	1.46	0.00015
304 不锈钢	7.93×10^{-9}	205 000	0.3	17.3	0.5	0.0162

5.1.2 总体应力分析及界面形貌选取

影响分瓣式磁性密封胶密封性能的主要判断准则是考虑界面处最大剪切应力 τ_{xy} 和最大压应力 σ_y，也就是 xy 方向的 τ_{xy} 和 y 方向的 σ_y。另外，根据弹塑性理论需要考虑 Mises 等效应力的影响，Mises 应力为

$$\sigma' = \left\{ \frac{1}{2} \left[(\sigma_1 - \sigma_2)^2 + (\sigma_2 - \sigma_3)^2 + (\sigma_3 - \sigma_1)^2 \right] \right\}^{1/2} \geqslant S_y \qquad (5-1)$$

式中 σ' 为 Mises 等效应力，σ_1，σ_2，σ_3 分别为第一、第二和第三主应力，S_y 为局部屈服强度。下面主要针对微坑深度 h，宽度 λ，间距 d 的不同模拟剪切应力、压应力和 Mises 等效应力的分布情况。

界面形貌采用如下函数进行模拟，微坑深度 h 即为振幅，用 A 表示，微坑宽度 λ 即为波长，确定的正弦曲线为

$$y = A \sin\left(\frac{2\pi}{\lambda} x \right) \qquad (5-2)$$

由于界面粗糙度 R_a 和振幅 A 成正比例关系，即 $A / R_a = \pi / 2 = 1.55$，粗糙度的变化可通过改变幅值 A 的大小来模拟。由于分瓣式磁性密封胶密封装置胶接面的粗糙度 $R_a \in [1.6, 52] \, \mu m$，则 A 所设定的值在 $[2.48, 80.6] \, \mu m$ 范围内。本文采用的模型取 A 为 80 μm、50 μm、20 μm，取 λ 为 800 μm、600 μm、400 μm，取间距 d 为 800 μm、600 μm、400 μm，模拟对应的应力分布情况分析。

5.1.3 胶接面微观不同界面形貌模型

除了取不同微观界面形貌来研究不同胶涂层厚度对温度变化下残余应力的

影响，进而得到对分瓣式磁性密封胶密封性能的影响，不同微观界面形貌如图5-4所示。图5-5为不同微观界面形貌函数示意图。

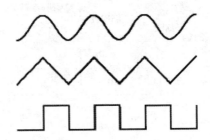

图 5-4 不同界面形貌微观界面模型

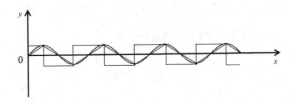

图 5-5 不同微观界面形貌函数示意图

正弦曲线微观界面形貌采用如下函数进行模拟，假定振幅用A表示，波长用λ表示，确定的正弦曲线为

$$y = A\sin\left(\frac{2\pi}{\lambda}x\right) \tag{5-3}$$

折线微观界面形貌采用如下函数方程进行模拟

$$\begin{cases} y = \dfrac{4A}{\lambda}x + (4-4n)A & x \in \left[\left(n-\dfrac{5}{4}\right)\lambda, \left(n-\dfrac{3}{4}\right)\lambda\right] \\ y = -\dfrac{4A}{\lambda}x + (4n-2)A & x \in \left[\left(n-\dfrac{3}{4}\right)\lambda, \left(n-\dfrac{1}{4}\right)\lambda\right] \\ \qquad\qquad n \in [1,2,3\cdots] \end{cases} \tag{5-4}$$

凹凸线微观界面形貌采用如下函数方程进行模拟

$$\begin{cases} y = A & x \in \left[\left(n-\dfrac{5}{4}\right)\lambda, \left(n-\dfrac{3}{4}\right)\lambda\right] \\[3mm] x = \left(n-\dfrac{1}{2}\right)A & y \in [-A, A] \\[3mm] y = -A & x \in \left[\left(n-\dfrac{3}{4}\right)\lambda, \left(n-\dfrac{1}{4}\right)\lambda\right] \\[3mm] & n \in [1, 2, 3\cdots] \end{cases} \qquad (5\text{--}5)$$

由上面三种曲线的函数方程可以得出：三种曲线以同一粗糙度模拟对应的应力分布情况，且界面粗糙度R_a和振幅A成正比例关系，即$A / R_a = \pi / 2 = 1.55$，可根据分瓣式磁性密封胶密封装置胶接面的粗糙度要求$R_a \in [1.6, 52]$ μm设定振幅A的值进行模拟，本文采用的模型取$A = 50$ μm模拟对应的应力分布情况分析。

5.2 不同微观界面尺寸模拟结果及讨论

5.2.1 微坑深度对密封性能的影响有限元结果分析

保持微坑间距d和宽度λ不变，当微坑深度h变化时，研究基体与胶涂层界面处的应力分布情况如图5-6、图5-7、图5-8所示，所受应力越大，密封性能越差。

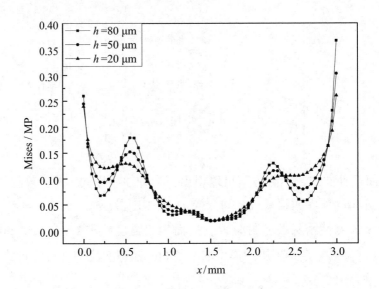

图 5-6　不同微坑深度下 Mises 应力沿 x 轴的分布

　　如图 5-6 所示为不同微坑深度时 Mises 应力沿 x 轴的分布比较图。0.2 mm 为微坑的顶点处，即为波峰，0.6 mm 处为微坑的最低点，即为波谷，根据波长为 0.8 mm 依次类推。由图 5-6 可以看出当处于波峰位置时，Mises 应力随着微坑深度的增大而减小，当处于波谷位置时，Mises 应力随着微坑深度的增大而增大，越接近边界影响效果越明显。最大 Mises 应力处于两个边界处，外边界微坑深度为 80 μm 模型的 Mises 应力值最大。

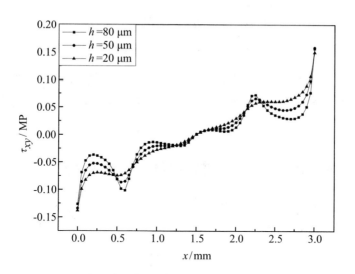

图 5-7　不同微坑深度下剪切应力 τ_{xy} 沿 x 轴的分布

图 5-7 为不同微坑深度下剪切应力 τ_{xy} 沿 x 轴的分布比较图，由图 5-7 可以看出受到的剪切应力为两个方向，剪切应力的最大值处于两个边界处，方向都指向轴心，当处于波峰位置时，剪切应力 τ_{xy} 随着微坑深度的增大而增大，当处于波谷位置时，剪切应力 τ_{xy} 随着微坑深度的增大而减小，越接近边界影响效果越明显。

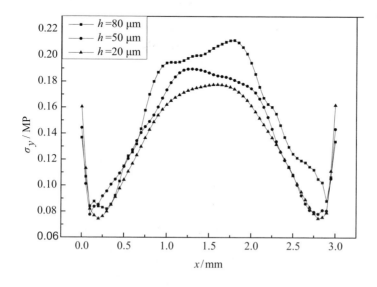

图 5-8　不同微坑深度下 y 方向的 σ_y 沿 x 轴的分布

如图 5-8 所示为不同微坑深度下y方向的σ_y沿x轴的分布比较图，由图 5-8 可以看出当温度降低时，y方向上受到的σ_y应力都为拉应力，σ_y应力的最大值处于边界处，最小值大致处于第一个波峰和最后一个波峰处，而在这个区域内，微坑深度为 80 μm 模型所受到的最大σ_y应力明显大于另外两个模型。接近边界处的σ_y应力都随着微坑深度的增加而减小。

5.2.2 微坑宽度对密封性能的影响有限元结果分析

保持微坑间距d和深度h不变，当微坑宽度λ变化时，研究基体与胶涂层界面处的应力分布情况如图 5-9、图 5-10、图 5-11 所示，所受应力越大，密封性能越差。

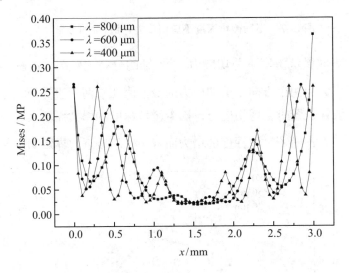

图 5-9　不同微坑宽度下 Mises 应力沿x轴的分布

如图 5-9 所示为不同微坑宽度下 Mises 应力沿x轴的分布比较图。由于波长不同，所以波峰和波谷的位置不同，但仍然满足处于波峰位置时，Mises 应力随着微坑深度的增大而减小，当处于波谷位置时，Mises 应力随着微坑深度的增大而增大，而且越接近边界影响效果越明显。中心处的 Mises 应力接近为 0，最大值处于边界处。当λ =400 μm时，曲线曲率明显增大，更容易出现应力集中，所以密封性能会越差。

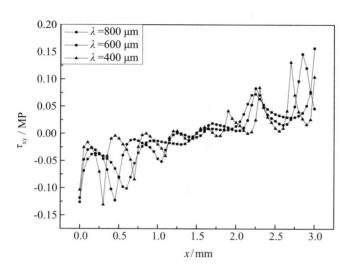

图 5-10 不同微坑宽度下 τ_{xy} 沿 x 轴的分布

如图 5-10 所示为不同微坑宽度下 τ_{xy} 应力沿 x 轴的分布比较图。$\lambda=400\ \mu\mathrm{m}$ 时，曲线曲率明显增大。由于波长不同，外边界的波形不同，而外边界是最容易引起密封失效的位置，当 $\lambda=800\ \mu\mathrm{m}$ 和 $\lambda=400\ \mu\mathrm{m}$ 时，外边界处于波谷位置，τ_{xy} 明显增大，当 $\lambda=600\ \mu\mathrm{m}$ 时，外边界处于波中位置，所以 τ_{xy} 明显减小。

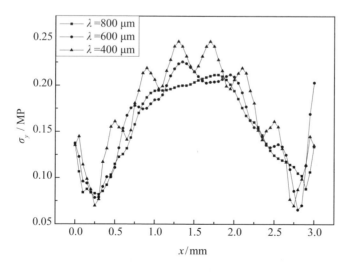

图 5-11 不同微坑宽度下 y 方向的 σ_y 沿 x 轴的分布

图 5–11 为不同微坑宽度下 y 方向的 σ_y 沿 x 轴的分布比较图。σ_y 主要集中在中部，且 λ =400 μm时 σ_y 明显偏大，边界处 λ =600 μm时 σ_y 突然增大也是由于波形不同引起的。

5.2.3　微坑间距对密封性能的影响有限元结果分析

如图 5–12 所示为微坑间距分别为 400 μm，600 μm，800 μm下的 Mises 分布图。由图 5–12 可以看出，当 d =400 μm时最大 Mises 应力为 0.3003 MP，当 d =600 μm时最大 Mises 应力为 0.2039 MP，当 d =800 μm时最大 Mises 应力为 0.2503 MP，相差不大，d =600 μm时的最大 Mises 应力稍微小些也是由于间距不同造成的外边界波形不同导致的。整体来看，间距的变化对 Mises 应力的变化不是很明显，同时也说明，间距的变化对密封性能的影响不会起到主导作用。

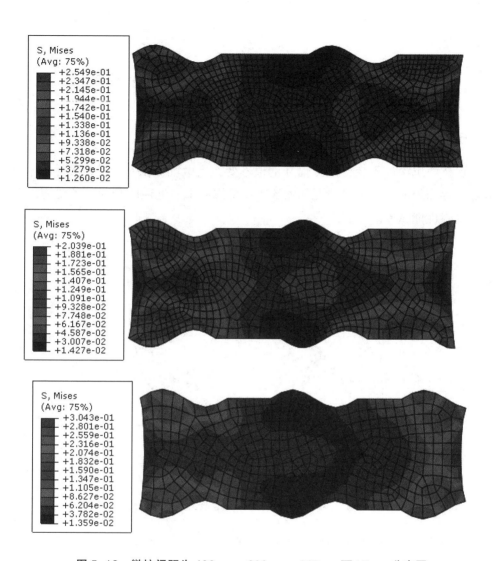

图 5-12　微坑间距为 400 μm、600 μm、800 μm 下 Mises 分布图

5.3 不同微观界面形貌模拟结果及讨论

5.3.1 微坑形貌对密封性能的影响有限元结果分析

保持微坑深度不变，即振幅 A 的值不变，当微坑形貌变化时，研究基体与胶涂层界面处的应力分布情况如图 5-13、图 5-14、图 5-15 所示，所受应力越大，密封性能越差。

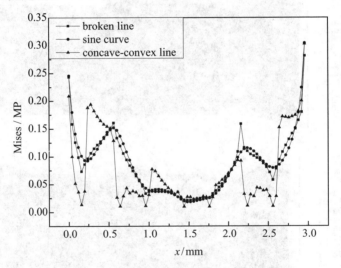

图 5-13 不同微坑形貌下 Mises 应力沿 x 轴的分布

如图 5-13 所示为不同微坑形貌下 Mises 应力沿 x 轴的分布比较图。由图 5-13 可以看出当处于波峰位置时，Mises 应力随着微坑深度的增大而减小，当处于波谷位置时，Mises 应力随着微坑深度的增大而增大，越接近边界影响效果越明显，最大 Mises 应力处于两个边界处。

由图 5-13 可以看出折线的应力值曲线和正弦的应力值曲线非常相似，但折线的应力值曲线曲率明显增大，更容易出现应力集中现象。凹凸线的应力值曲线曲率变化明显，也就是说多处出现容易密封泄漏的薄弱点，所以密封性能最差。

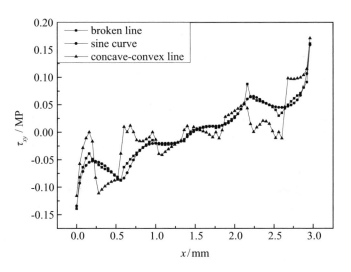

图 5-14 不同微坑形貌下剪切应力 τ_{xy} 沿 x 轴的分布

图 5-14 为不同微坑形貌下剪切应力 τ_{xy} 沿 x 轴的分布比较图，将表中数据代入到式（4-51）得到 $\tau_{\max} = 0.45$ MPa，大于图 5-14 中剪切力的最大值，说明该种结构在此种温差变化下能够满足密封要求。由图 5-14 可以看出受到的剪切应力为两个方向，两个边界处的剪切应力值最大，方向都指向中心，三种形貌曲线的剪切应力 τ_{xy} 曲线最大值处于两个边界处，且相差不大，但从曲线中间的曲率变化分析，正弦曲线对密封性能的影响最小，也就更趋于稳定。

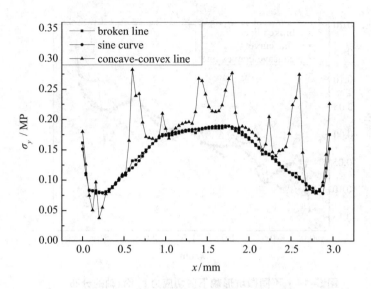

图 5-15　不同微坑形貌下 y 方向的 σ_y 沿 x 轴的分布

图 5-15 为不同微坑形貌下 y 方向的 σ_y 沿 x 轴的分布比较图，由图 5-15 可以看出当温度降低时，y 方向上受到的 σ_y 应力都为拉应力，针对折线和正弦的 σ_y 应力曲线非常相似，且最大值都处于边界处和中心处，最小值大致处于第一个波峰和最后一个波峰处，而凹凸线的 σ_y 应力曲线值明显大于另外两种曲线图，且曲率变化频率高，更容易出现应力集中现象，所以图 5-15 也能发现采用凹凸线微观形貌不利于密封性能的提高。

5.3.2　胶涂层厚度对密封性能的影响

以折线形貌为例，当胶涂层厚度变化时，也就是调整分瓣式磁性密封胶密封装置上下基体间距的情况下，该间距用 h 表示。研究基体与胶涂层界面处的应力分布情况如图 5-16、图 5-17、图 5-18 所示，所受应力越大，密封性能越差。

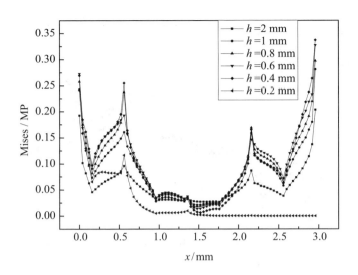

图 5-16　不同胶涂层厚度下 Mises 应力沿x轴的分布

图 5-16 为折线形貌在不同胶涂层厚度下 Mises 应力沿x轴的分布比较图。由图 5-16 可以看出处于波峰位置时，Mises 应力随着涂层厚度的增大而减小，当处于波谷位置时，Mises 应力随着涂层厚度的增大而增大，而且越接近边界影响效果越明显。从整个折线形貌曲线来看，随着涂层厚度的减小，折线形貌所受到的 Mises 应力反而增加，而且增加的越来越缓慢，但当微坑深度减小到0.2 mm 时，相应的 Mises 应力接近于 0。当涂层厚度大于 0.2 mm 小于 2 mm 时，Mises 应力曲线曲率越来越小，Mises 值越来越小，也就是说分瓣式磁性密封胶密封上下基体间距处于 0.2 到 2mm 范围内，应根据胶体的特性尽量增大上下基体间距的距离提高密封装置的密封性能。

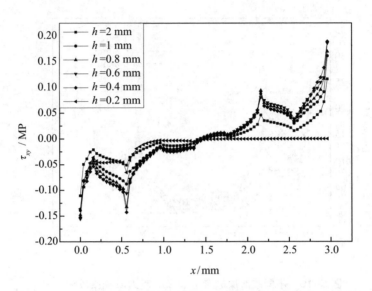

图 5-17   不同胶涂层厚度下τ_{xy}沿x轴的分布

图 5-17 为不同胶涂层厚度下 τ_{xy} 应力沿x轴的分布比较图。针对波谷位置，当涂层厚度大于 0.2 mm 且小于 2 mm 时，τ_{xy} 应力值越来越小，曲线曲率也越来越小。当涂层厚度为 0.2 mm 以下时，τ_{xy} 应力值接近于 0。

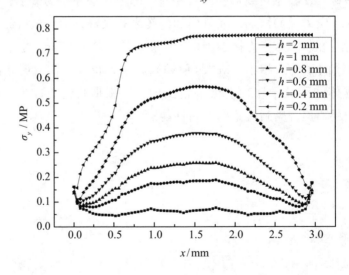

图 5-18   不同胶涂层厚度下y方向的σ_y沿x轴的分布

图 5-18 为不同胶涂层厚度下y方向的σ_y沿x轴的分布比较图。σ_y 主要集

中在中部，σ_y的最大值随着胶涂层的厚度增加而减小，即随着分瓣式磁性密封胶密封上下基体间距不断增加，y方向的σ_y值越来越小，密封性能也越来越好。当胶涂层厚度增加到 2 mm 时，y方向的σ_y值趋于 0。当胶涂层厚度减小到 0.2 mm 时，胶涂层会受到很大的y方向的σ_y应力，更容易迫使胶涂层变形甚至与基体剥离，反而不利于密封性能的提高。

5.4　本章小结

因为对于分瓣式密封装置胶接面处的密封泄漏问题，很多时候并不是因为胶体的抗压能力不够，而是因为在密封胶接过程中，在两个平面胶接处产生了的微小、薄弱的漏气通道导致的，所以有必要从微观角度研究胶接面的形貌和尺寸特征，寻求最佳密封方案解决分瓣式密封装置泄漏问题。本章首先对胶接面微观界面尺寸不同进行了模拟运算，假定胶接面微观形貌为正弦曲线，分别对其微坑深度、微坑宽度以及微坑间距的不同进行了模拟运算，结果表明微坑深度为 20 μm 时所受到的最大剪切力要小于 80 μm 时所受到的最大剪切力，微坑宽度为 600 μm 时所受到的最大剪切力要小于微坑宽度为 400 μm 和 800 μm 时所受到的最大剪切力，微坑间距对分瓣式密封装置的性能影响不大。然后对胶接面微观界面形貌以及胶涂层的厚度进行了模拟运算，分别对正弦曲线、折线、凹凸线三种微观界面形貌模拟计算其所受到最大剪切力影响，结果表明微观界面形貌为正弦曲线时所受到的最大剪切力要小于折线和凹凸线形貌的最大剪切力，并且胶涂层越薄越有利于分瓣式密封装置的密封能力，但小于 0.2 mm 时，正压力明显增大，反而导致分瓣式密封装置的密封能力减弱。

综合模拟计算结果，对分瓣式密封装置的微观界面形貌采用正弦曲线，且其微坑深度为 20 μm，微坑宽度为 600 μm，这对分瓣式磁性密封胶密封装置胶接平面处的设计以及界面失效临界应力的预估提供参考。

6 极靴分瓣式结构密封磁场数值分析

为了设计更为合理的分瓣式磁性密封装置结构及尺寸，寻找分瓣式极靴密封的最佳解决方案，用 ANSYS 模拟软件分析分瓣式结构的磁通密度云图，磁通密度矢量图，磁场强度矢量图，以及密封间隙处磁场强度分布曲线图，磁感应强度分布曲线图等，分析结构变化对分瓣式密封装置耐压能力的影响，为分瓣式结构密封失效临界应力的预估提供参考。

6.1 完整式极靴与轴间隙内磁场数值分析

由于分瓣式结构内部旋转轴采用的是磁性液体密封，而极靴采用完整式极靴和分瓣式极靴两种方案，本节主要讨论极靴不分瓣情况下轴间隙内磁场的数值分析，详细分析了磁场数值分析的全过程，包括有限元模型的建立、材料属性的赋值、模型的网格划分、仿真结果的讨论。

6.1.1 建立 ANSYS 有限元模型

通过编写 ANSYS 运行程序实现分瓣式结构磁场有限元分析，建立 ANSYS 有限元模型，如图 6-1 所示。

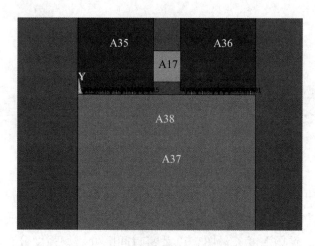

图 6-1　完整式极靴有限元模型

整体设计思想：该模型取的是轴向切面，根据对称性，仅对上半部分进行磁场有限元分析，其中 A35 和 A36 为两块极靴，A17 为圆柱形磁铁，A37 为轴，轴与极靴间隙内的许多小方块为极齿，其余部分为空气。该模型为磁性液体密封的基本模型，磁性液体在磁场力的控制下形成类似密封圈的圆环围绕在极齿周围，起到密封耐压的作用。最外面的圆环为无穷远区域（INFIN110），使用INFIN110 单元，外圆环区域为空气，并设置该单元为无限远（IFE）区域，它们的外表面加无限表面（INF）标志，该边界条件能够有效、精确、灵活地描述磁场耗散问题。

6.1.2　材料属性的定义

磁场数值分析前要先定义材料的属性，分别定义了极靴、轴、极齿、永磁体、、磁性液体、空气等材料的磁导率，如果材料的 $B-H$ 曲线为直线时，磁导率是一个常数，反之，需要输入材料的 $B-H$ 数值，极靴和轴及极齿的材料为2Cr13，其 $B-H$ 曲线如图 6-2 所示，永磁体材料为汝铁硼，磁导率为 1.05，矫顽力为 930 000 A/m，而磁性液体的导磁率都很低，与空气相差不多，空气的磁导率为 1，因此将磁性液体的磁导率设为 1。

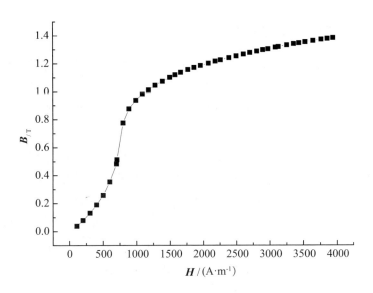

图 6-2　2Cr13 磁化曲线

6.1.3　模型网格划分

为了使得密封间隙处磁场模拟更加精确，加密间隙处线段节点，设定智能网格划分等级为 1，即为最高精度网格，划分密集网格，能够更加精确的计算密封间隙处的磁场强度，有利于分析密封间隙内磁场强度的变化，磁场梯度对密封耐压能力的影响。生成的网格如图 6-3 所示。

划分完网格后，要对结果进行静态分析，考察静态分析结果的收敛性来判断程序的准确性，进而计算密封间隙处的磁场强度以及磁感应强度。

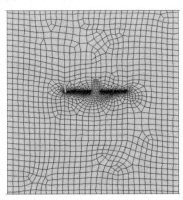

图 6-3　完整式极靴网格图

6.1.4　模型磁力线分布

磁力线在分瓣式密封结构中的分布能够显示磁力线的密度以及查看在分瓣式结构中磁力线的漏磁情况，并且根据对磁力线分布情况的分析，能够判断该分瓣式密封结构的设计合理性。因此对分瓣式结构磁性密封胶间隙处的磁力线分布具有其必要性。

从图 6-4 可知，该磁力线分布图和设想的一样，由于极齿与极靴密封间隙非常小，磁力线在该狭小的间隙内分布集中，能够产生并增大磁场梯度差，根据永磁体两端场强大于中间场强，并且拐点处较强的特性，呈现如图磁力线分布，磁力线沿着极齿形成一圈一圈的形貌，使得磁性液体吸附在磁场强度较强的区域，也形成一圈一圈的类似密封圈的圆环，达到密封耐压的作用，从该图的磁力线分布能够看出该分瓣式密封结构的设计是合理的。

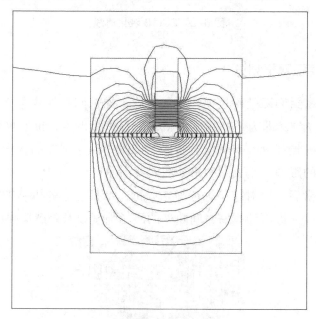

图 6-4　完整式极靴时磁力线分布图

从图 6-4 能够发现：有几根磁力线向外侧延展，是由于边界条件设计的是无穷远边界条件，因为磁力线在空气中的密度很小，在密封间隙处磁场强度最大，所以存在漏磁现象。

6.1.5 仿真结果分析

磁场强度和磁感应强度分布最能体现极靴与轴间隙内的磁场梯度变化，当采用完整式极靴时，密封间隙内的磁场强度分布和磁感应强度分布如图 6-5 和图 6-6 所示。

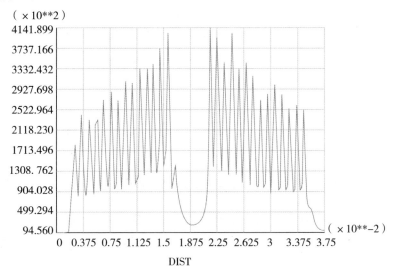

图 6-5　完整式极靴密封间隙内磁场强度H分布图

结合图 6-5 和图 6-6 分析：图 6-5 和图 6-6 的曲线形貌一致，这是因为磁感应强度和磁场强度存在如下关系：$B = \mu H$。式中μ为真空磁导率。两图的分布曲线走势一致性也正验证了密封间隙内的磁场强度分布图和磁感应强度分布图的正确性。

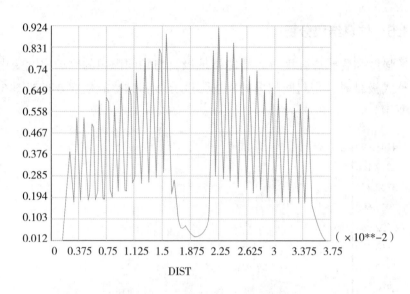

图 6-6　完整式极靴与轴密封间隙内磁感应强度 B 分布图

图 6-5 和图 6-6 最大值和最小值的数量是由极齿的数量决定的，其最大值与最小值的差值表示密封间隙内的磁场梯度差，磁场梯度差越大表示该处的磁场强度越强，并且距离磁铁越近的位置磁场梯度差越大。

导出密封间隙内 B 值分布点值，计算所有磁场梯度差值的和为 11.49 T，带入式（4-96）计算当极靴为完整式极靴时，极靴与主轴密封间隙内的理论耐压值为 2.3 atm。

6.2　分瓣极靴与轴间隙内磁场数值分析

本节针对分瓣式极靴密封采用 3 种方案，即采用普通密封胶粘接分瓣式极靴、采用磁性密封胶粘接分瓣式极靴、在采用磁性密封胶粘接分瓣式极靴的基础上，不改变极齿数量的情况下，缩小极靴厚度，增加磁铁数量。

6.2.1　采用普通密封胶粘接分瓣极靴磁场数值分析

采用普通密封胶粘接分瓣极靴是最直接的方式，对极靴与轴的密封间隙内的磁场数值分析，理论推导该密封间隙内的磁场强度，进而计算该种情况下的最大理论耐压能力，为后面的实验奠定理论基础。

建立的有限元模型类似于图 6-1，不同点在于将 A35 和 A36 单元设定为空气材料属性，设计思想为仿真的是磁性液体旋转轴密封最薄弱的环节，即垂直切面设定在两瓣极靴的结合面处，因为普通密封胶的磁导率很低，与空气相差不多，因此将普通密封胶和空气的磁导率都设为 1。

采用普通密封胶粘接分瓣极靴的磁力线分布如图 6-7 所示。

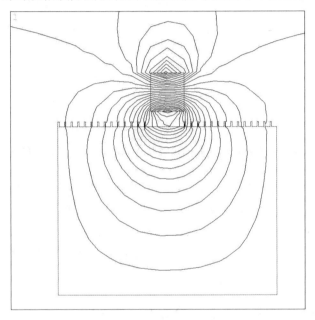

图 6-7　采用普通密封胶粘接分瓣极靴时磁力线分布图

将图 6-7 与图 6-4 比较发现：图 6-7 中的磁力线分布变得稀薄了，除了在极齿处，在磁铁的上部也有一些闭合的磁力线回路，这说明漏磁现象非常严重，特别是距离磁铁较远部位的极齿处基本没有磁场的分布，这说明当采用普通胶粘接分瓣极靴时，那一层薄薄的胶层是不导磁的，相当于一层垂直于磁场方向的，厚度为极靴宽度的隔磁环，所以很大程度上降低了胶层与极齿交接间隙处的磁场强度。

由于磁场强度与磁感应强度的分布图曲线形貌一致，所以只导出当采用普通密封胶粘接分瓣极靴密封间隙处的磁感应强度 B 的分布图，如图 6-8 所示。

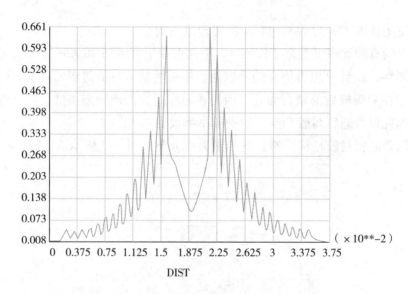

图 6-8　采用普通密封胶粘接分瓣极靴时的磁感应强度**B**分布图

　　将图 6-8 与图 6-6 比较发现：图 6-8 仅靠近磁铁的两个极齿处的磁感应强度值较高，对应的磁场梯度差较大，而其他位置的磁场强度都较弱，相应的磁场梯度差也较小，导出密封间隙内**B**值分布点值，计算所有磁场梯度差值的和为 3.45 T，带入式（4-76）计算采用普通胶粘接分瓣极靴时，极靴与主轴密封间隙内的理论耐压值为 0.6 atm。

6.2.2　采用磁性密封胶粘接分瓣极靴磁场数值分析

　　为了解决分瓣式极靴的密封难题，采用既具有磁性又具有胶体的密封性的磁性密封胶粘接分瓣式极靴，该种应用为国内外首次提出，也扩展了磁性密封胶的应用领域。通过对采用磁性密封胶粘接分瓣式极靴磁场数值分析，仿真密封间隙内的磁感应强度分布，计算分瓣式密封装置的最大理论耐压能力，为后面的实验奠定理论基础。

　　建立的有限元模型类似于图 6-1，不同点在于将 A35 和 A36 单元设定为磁性密封胶材料属性，设计思想为由于极靴为 2Cr13 材料，磁性密封胶的导磁率小于极靴的导磁率，仿真的是磁性液体旋转轴密封最薄弱的环节，即垂直切面设定在两瓣极靴的结合面处，也就是磁性密封胶粘接面处，磁性密封胶的导磁率为 3 ～ 5，仿真设定磁性密封胶的导磁率为 4。

采用磁性密封胶粘接分瓣极靴的磁力线分布如图 6-9 所示。

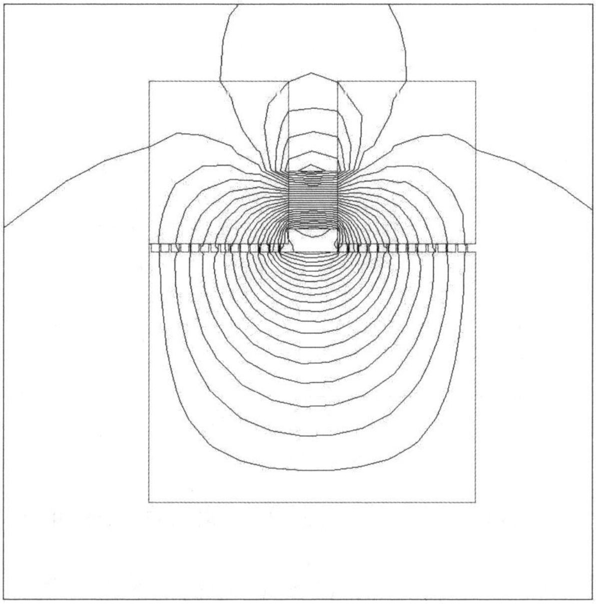

图 6-9 采用磁性密封胶粘接分瓣极靴时磁力线分布图

将图 6-9 与图 6-7 比较发现：图 6-9 中的磁力线分布变得稍显稠密了，在磁铁的上部闭合的磁力线回路少了，这说明漏磁现象降低了，特别是距离磁铁较远部位的极齿处也存在磁场分布，这说明当采用磁性密封胶粘接分瓣极靴时，那一层薄薄的磁性密封胶层的导磁率高于空气的导磁率，相比不导磁的普通胶很大程度上增加了胶层与极齿交接间隙处的磁场强度。

导出当采用磁性密封胶粘接分瓣极靴密封间隙处的磁感应强度B的分布图，如图 6-10 所示。

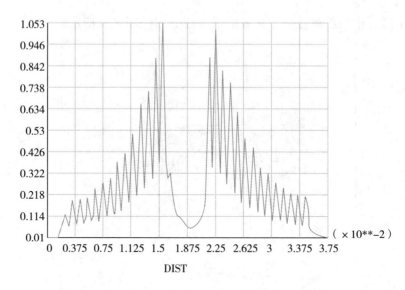

图 6-10 采用磁性密封胶粘接分瓣极靴时的磁感应强度 B 分布图

将图 6-10 与图 6-8 比较发现：图 6-10 中的磁感应强度数值明显增强了，不仅靠近磁铁极齿处的磁感应强度值较高，对应的磁场梯度差较大，其他位置的磁场强度都有所增强，相应的磁场梯度差也增大了，导出密封间隙内 B 值分布点值，计算所有磁场梯度差值的和为 7.88 T，带入式（4-76）计算采用磁性密封胶粘接分瓣极靴时，极靴与主轴密封间隙内的理论耐压值为 1.5 atm。

6.2.3 优化分瓣式极靴结构磁场数值分析

通过上面的磁场数值分析，靠近磁铁极齿处的磁场强度高于远离磁铁极齿位置的磁场强度。为了进一步增加分瓣式极靴结合面与极齿密封间隙处的磁场强度，仍然采用磁性密封胶粘接分瓣式极靴，极齿数量保持不变的情况下，缩小分瓣式极靴厚度，增加两圈圆柱形磁铁，研究该种情况下的磁场数值分布，理论计算密封间隙内的耐压能力，为后面的实验奠定理论基础。

建立有限元模型如图 6-11 所示。

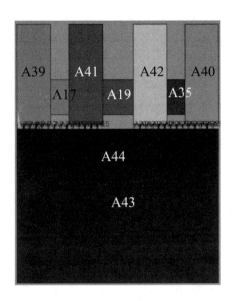

图 6-11　分瓣式极靴结构优化有限元模型

　　整体设计思想为仿真的是磁性液体旋转轴密封最薄弱的环节，而该耐压的最薄弱环节仍然在两瓣极靴的结合面处，该结合面是一层薄薄的磁性密封胶，在有限元模型图 6-11 中由 A39、A40、A41 和 A42 区域表示，仿真设定该区域的磁导率为 4。该模型取的是轴向切面，根据对称性，仅对上半部分进行磁场有限元分析，A17、A19、A35 区域设定为圆柱形磁铁属性，A43 为轴，轴与极靴间隙内的许多小方块为极齿，设定为 2Cr13 材料属性，其余部分设定为空气属性。

　　该分瓣式极靴结构旨在提高分瓣式密封装置的密封耐压能力，分瓣式极靴结合面与极齿的密封间隙处的磁力线分布如图 6-12 所示。

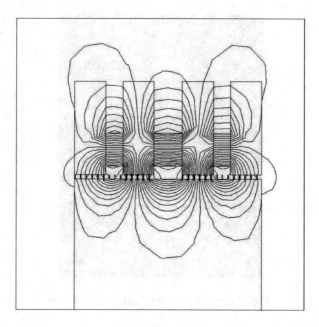

图 6-12　分瓣式极靴结构优化磁力线分布图

　　将图 6-12 与图 6-9 比较发现：图 6-12 中的磁力线分布变得更加稠密了，由于分瓣式极靴的厚度缩小了，在图 6-12 中呈现的是距离磁铁较远部位的每个极齿处都存在磁场分布，说明在极齿数量相同的情况下，极靴仍然采用磁性密封胶粘接，缩小极靴厚度，增加两圈圆柱磁铁，相比原来的两块分瓣式极靴结构很大程度上增加了胶层与极齿交接间隙处的磁场强度。

　　导出缩小分瓣式极靴厚度，采用磁性密封胶粘接分瓣极靴密封间隙处的磁感应强度B的分布图，如图 6-13 所示。

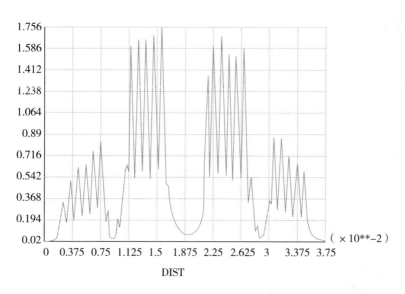

图 6-13 分瓣式极靴结构优化磁感应强度 *B* 分布图

将图 6-13 与图 6-10 比较发现：图 6-13 中由四组凹凸规则的线组成，分别对应四块分瓣极靴下面的极齿。图 6-13 中的磁感应强度数值明显增强了，最强的位置处在中间两块分瓣极靴处，这是由于中间两块极靴对应的极齿密封间隙处受到 N-S 极相反的两块磁铁的作用。导出密封间隙内 *B* 值分布点值，计算所有磁场梯度差值的和为 16.83 T，带入式（4-76）计算采用磁性密封胶粘接分瓣极靴时，缩小分瓣极靴的厚度，极靴与主轴密封间隙内的理论耐压值为 3.3 atm。

6.3 分瓣式外壳采用磁性密封胶粘接磁场有限元分析

分瓣式外壳的密封分为径向密封和轴向密封，径向密封由于胶体的属性以及涂胶工艺很容易达到实验要求，轴向密封关键是极靴的密封圈与分瓣式外壳结合面交接处的密封，因为该处为密封耐压的最薄弱环节，称之为密封泄漏瓶颈点。本节通过对外壳处的磁场有限元分析，研究密封泄漏瓶颈点处的磁场强度，磁性密封胶在该磁场力的作用下，吸附在密封泄漏瓶颈点处，以提高分瓣式外壳的轴向密封耐压能力。

6.3.1　导磁条宽度尺寸不同对密封泄漏瓶颈点处磁场强度的影响

导磁条宽度尺寸大小对分瓣式结构磁性密封胶密封性能的影响很明显，通过模拟不同导磁条宽度尺寸下的磁通密度云图，磁感应强度分布图等来分析不同导磁条宽度尺寸对磁性密封胶磁场强度的影响。采用磁性密封胶密封平面不同于普通胶，磁性密封胶固化前显示其流动性，即能在磁场力的作用下控制磁性密封胶的填充区域，磁性密封胶能够磁场力的作用下均匀的吸附在两瓣壳体结合处，而耐压性能可以在固化后体现，当磁性密封胶固化后形状类似于磁条，紧紧地吸附在壳体上，同时受到磁场力和剪切力的作用，达到很好的密封效果。本节取永磁体宽度尺寸为 3 mm，导磁条宽度尺寸分别取 0.5 mm、1 mm、1.5 mm、2 mm 进行模拟运算。

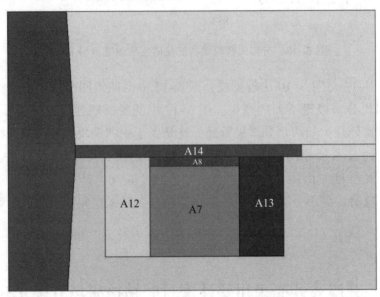

图 6-14　分瓣式外壳结合处有限元模型

建立的有限元模型如图 6-14 所示。设计思想为分瓣式外壳结合面处外端为相互接触的不导磁材料，该处的主要作用是控制内填涂磁性密封胶的厚度，而不起密封作用，根据磁性密封胶的性质，控制内端的间隙厚度为 0.2 mm，在内端距离内壁 1 mm 处加工一个凹槽，永久磁铁放在凹槽内部，在永久磁铁两端设置两条形导磁纯铁，在凹槽内形成磁回路，在狭小的结合面处产生较大磁场强度，该结构设计一方面作用是使得磁性密封胶在磁场力的作用下均匀吸附在密封间隙处，不存在泄漏通道，特别是泄漏瓶颈点处也存在磁通密度，磁性密封胶能够在磁场力的作用下充满这个空间，解决泄漏瓶颈点密封失效难题，另一方面作用是磁性密封胶在磁场梯度的作用下具有磁性抗压能力，使得磁性密封胶存有胶黏性的同时还受到磁性的作用。A12 和 A13 为导磁条，其属性为纯铁，其 **B-H** 曲线如图 6-15 所示，A7 为磁铁，A14 和 A8 为涂磁性密封胶胶区域，磁铁与导磁条形成磁场回路，以增加密封泄漏瓶颈点处的磁场强度。

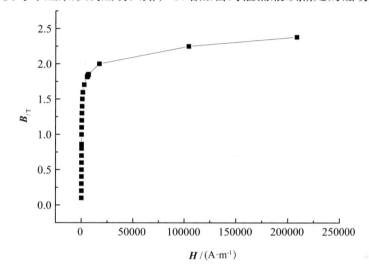

图 6-15　电工纯铁磁化曲线

如图 6-16 所示为导磁条宽度尺寸不同时磁场强度 H 分布图，从图 6-16可以看出：随着导磁条宽度尺寸的增大，磁场强度 H 分布图的波峰值在逐渐减小，说明磁场强度 H 的梯度差在逐渐减小，根据式（3-96）得出，随着磁场梯度差的逐渐减小，磁场耐压能力也随着逐渐减小。而当导磁条宽度尺寸从0.5 mm 增加到 2 mm 时，磁场强度 H 分布图的形状基本没发生变化，这取决于永磁体宽度尺寸为 3 mm 没有变化，模拟计算过程中，由于考虑胶体的性质，即胶体的厚度为 0.2 mm 最优，所以将间隙尺寸固定在 0.2 mm 计算，导磁条宽度尺寸的微小变化对磁场强度分布的影响没那么明显，距离泄漏瓶颈点的梯度顶点磁场强度明显优于梯度底部磁场强度，能够导向控制磁性密封胶的填充区域，有利于泄漏瓶颈点处的密封。

图 6-17 为导磁条宽度尺寸不同时磁感应强度 B 分布图，结合图 6-16 和图6-17 分析不难发现：当导磁条宽度尺寸逐渐增大时，分瓣式结构磁性密封胶

密封装置间隙处的磁感应强度分布曲线走势类似于磁场强度的分布走势，都是随着导磁条宽度尺寸的增大，磁场梯度越来越小，其耐压能力越来越低，这是因为磁感应强度和磁场强度存在如下关系：$\boldsymbol{B} = \mu \boldsymbol{H}$。式中 μ 为真空磁导率。图 6-15 与图 6-16 的分布曲线走势一致性也正验证了磁感应强度分布图的正确性。

从数值上分析图 6-17 可以看出：当分瓣式结构磁性密封胶装置导磁条宽度尺寸为 0.5 mm 时，如图 6-17 中（a）所示，其最大磁感应强度值为 1.124 T，其最小磁感应强度值为 0.07 T，其单齿磁场梯度差为 1.054 T；导磁条宽度尺寸为 1 mm 时，如图 6-17 中（b）所示，其最大磁感应强度值为 1.126 T，其最小磁感应强度值为 0.09 T，其单齿磁场梯度差为 1.036 T；导磁条宽度尺寸为 1.5 mm 时，如图 6-17 中（c）所示，其最大磁感应强度值为 1.07 T，其最小磁感应强度值为 0.09 T，其单齿磁场梯度差为 0.98 T；导磁条宽度尺寸为 2 mm 时，如图 6-17 中（d）所示，其最大磁感应强度值为 1.04 T，其最小磁感应强度值为 0.09 T，其单齿磁场梯度差为 0.95 T。当磁性密封胶的饱和磁化强度不变时，磁场梯度差越大，该密封装置的耐压能力值就越大。从各个导磁条宽度尺寸的磁场梯度差值来看，当导磁条宽度尺寸从 0.5 mm 增加到 2 mm 时，磁场梯度差值在逐渐减小，这是由于间隙高度保持不变，但间隙的宽度增加了，磁回路磁阻减小，使得磁通总量逐渐较小。另外，磁性密封胶的导磁率高于空气的导磁率，这也增强了密封间隙内的磁通量分布。

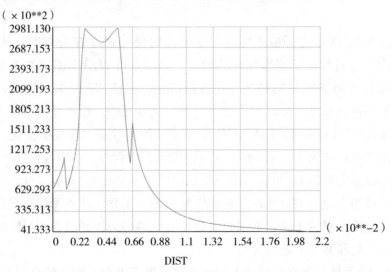

（a）导磁条宽度尺寸为 0.5 mm 时磁场强度 $\boldsymbol{H}$ 分布

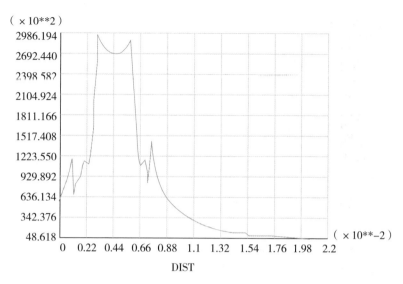

（b）导磁条宽度尺寸为1 mm时磁场强度 *H* 分布

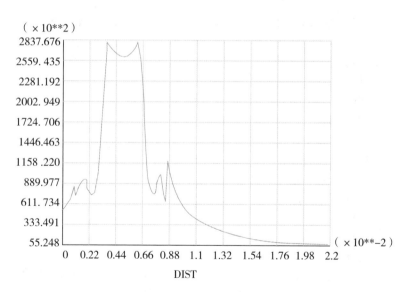

（c）导磁条宽度尺寸为1.5 mm时磁场强度 *H* 分布

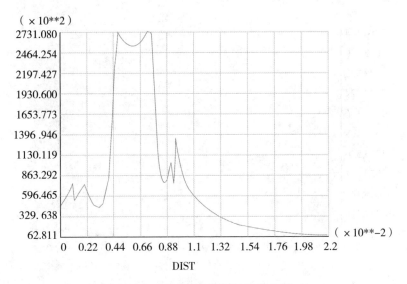

（d）导磁条宽度尺寸为 2 mm 时磁场强度 **H** 分布

图 6-16　导磁条宽度尺寸不同时磁场强度 **H** 分布

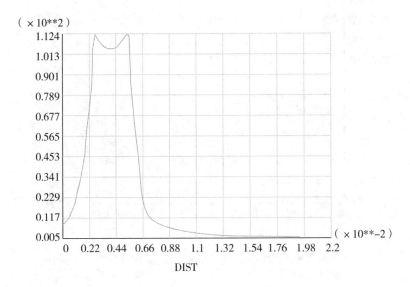

（a）导磁条宽度尺寸为 0.5 mm 时磁感应强度 **B** 分布图

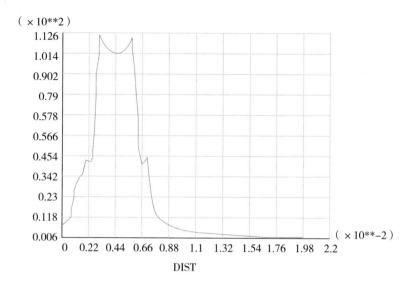

（×10**2）

（b）导磁条宽度尺寸为1 mm时磁感应强度 **B** 分布图

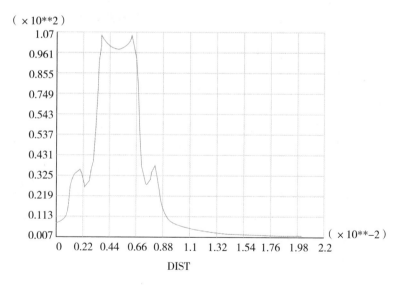

（×10**2）

（c）导磁条宽度尺寸为1.5 mm时磁感应强度 **B** 分布图

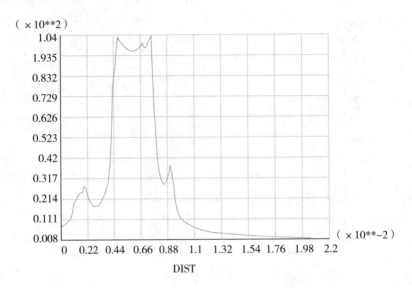

（d）导磁条宽度尺寸为 2 mm 时磁感应强度 **B** 分布图

图 6-17 导磁条宽度尺寸不同时磁感应强度 *B* 分布图

图 6-18 为导磁条宽度尺寸不同时密封间隙处磁通密度云图，从图 6-18 中不难发现：磁通密度主要集中在分瓣式密封装置的密封间隙处，当导磁条宽度尺寸为 0.5 mm 时，密封间隙内的磁力线非常密集，相应的磁通密度也较大，随着导磁条宽度尺寸的增大，从图中显现出来的是密封间隙内磁通密度稍渐稀散，这是由于导磁条宽度尺寸增大了，使得永久磁铁在密封间隙内的工作点降低了，根据基尔霍夫第一定律和磁路欧姆定律，说明磁回路磁阻越来越大，密封间隙内的磁通总量迅速减小，磁通密度也就越来越小，导致磁性能降低。当导磁条宽度尺寸增加到 2 mm 时，瓶颈点位置的磁通量明显降低，磁通分布向中间靠拢，而这不符合结构设计思想，磁场力的分布难以使磁性密封胶完全填充到整个密封间隙。

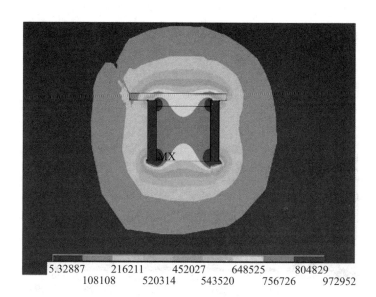

（a）导磁条宽度尺寸为0.5 mm时磁通密度云图

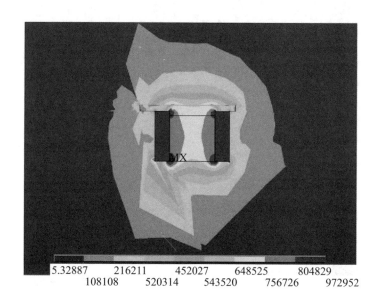

（b）导磁条宽度尺寸为1 mm 时磁通密度云图

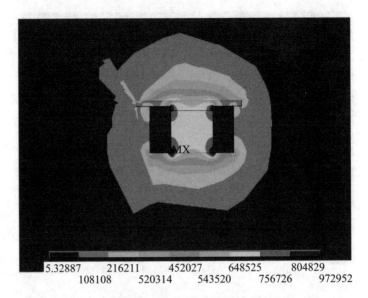

（c）导磁条宽度尺寸为1.5 mm时磁通密度云图

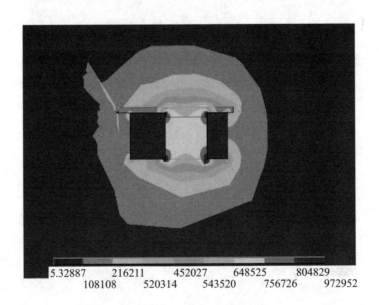

（d）导磁条宽度尺寸为2 mm时磁通密度云图

图6-18　导磁条宽度尺寸不同时密封间隙处磁通密度云图

综合以上分析，当保持永磁体宽度为 3 mm、间隙尺寸为 0.2 mm 时，随着导磁条宽度尺寸从 0.5 mm 增加到 2 mm 时，泄漏瓶颈点处磁场强度越来越弱，合理设计分瓣式结构导磁条宽度对提高密封性能至关重要。

6.3.2 永磁体宽度尺寸不同对密封泄漏瓶颈点处磁场强度的影响

永磁体宽度尺寸决定分瓣式壳体间隙内的磁场强度，磁场强度对磁场梯度差起到关键作用，而磁场梯度差决定分瓣式结构磁性密封胶密封的耐压能力，所以讨论永磁体宽度尺寸的变化对分瓣式结构磁性密封胶密封耐压性能的影响非常有意义。

讨论永磁体宽度尺寸不同对密封泄漏瓶颈点处磁场强度的影响建立的有限元模型与上一节的有限元模型相同，本着分瓣式壳体间隙尺寸值保持 0.2 mm 不变，分瓣式密封装置导磁条宽度尺寸保持 1.5 mm 不变的情况下，调整永磁体宽度尺寸分别为 2 mm、3 mm、4 mm、5 mm 时模拟计算密封间隙内磁场强度曲线分布，磁感应强度曲线分布，磁通密度分布云等，分析永磁体宽度尺寸变化对分瓣式结构磁性密封胶密封磁场强度的影响。

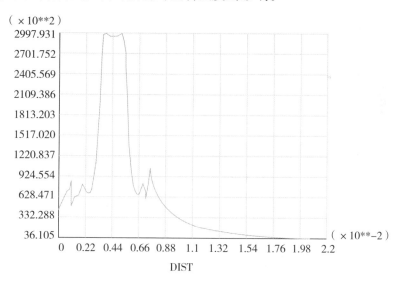

（a）永磁体宽度尺寸为 2 mm 时密封间隙处
磁场强度 H 分布图

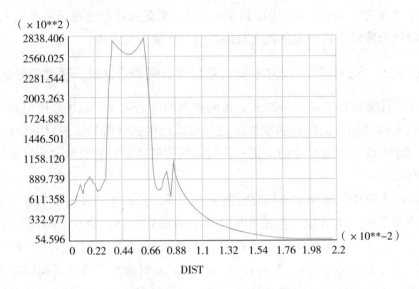

（b）永磁体宽度尺寸为3 mm时密封间隙处
磁场强度 *H* 分布图

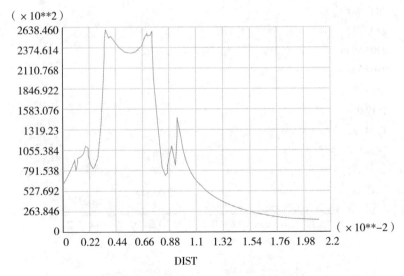

（c）永磁体宽度尺寸为4 mm时密封间隙处磁
场强度 *H* 分布图

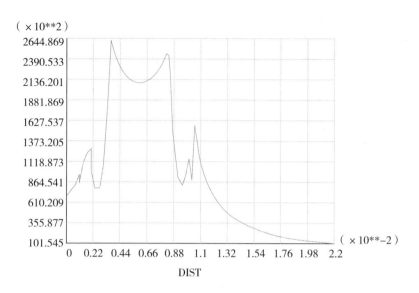

（d）永磁体宽度尺寸为 5 mm 时密封间隙处
磁场强度 **H** 分布图

图 6-19 永磁体宽度不同时密封间隙处磁场强度 *H* 分布图

图 6-19 为分瓣式密封装置永磁体宽度尺寸变化时模拟密封间隙处磁场强度**H**分布图。从图 6-19 可以看出：当永磁体宽度尺寸为 2 mm 增加到 5 mm 时，磁场强度分布图呈现规则曲线，磁场梯度差逐渐减小，磁场强度差也逐渐减小，峰值形状逐渐向两边扩沿，呈现越来越不规则化，分瓣式结构磁性密封胶的耐压能力逐渐减弱，这是因为当增大永磁体宽度尺寸值时，穿过分瓣式结合处密封间隙的面积增大，使得穿过间隙的磁场越来越弱，导致分瓣式结构磁性密封胶密封装置的磁场梯度差降低，分瓣式密封装置的磁场强度也越来越弱。

图 6-20 为分瓣式密封装置永磁体宽度尺寸变化时模拟密封间隙处磁感应强度**B**分布图。从图 6-20 可以看出：磁感应强度分布图可以影射磁场强度图，同样是当永磁体宽度尺寸为 2 mm 增加到 5 mm 时，显示在分布图上为规则的峰值形状，说明d_m尺寸变化对分瓣式密封间隙内的磁感应强度的分布区域影响不大，但楔形顶点处的最大磁感应强度值略有减小，磁场梯度差也逐渐减小，分瓣式结构磁性密封胶的磁场强度减弱。根据欧姆定律可知，磁通量为磁势能与磁阻的比值，当增大永磁体宽度时，相应的磁阻增加，而密封间隙处的磁阻与永久磁铁的磁阻为串联结构，使得整体磁通量减小，即增大永磁体宽度

尺寸将减弱分瓣式结构磁性密封胶的磁场强度，这与图 6-19 中磁场强度**H**值的分布曲线显现的是一致的。

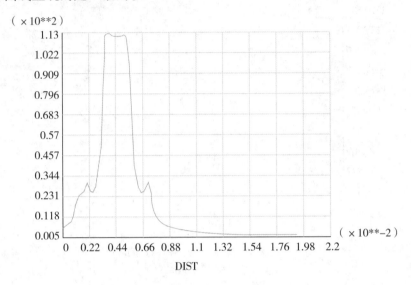

（a）永磁体宽度尺寸为 2 mm 时密封间隙处磁
感应强度 **B** 分布图

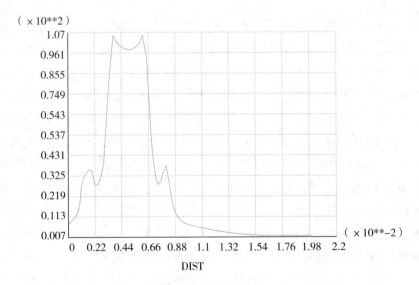

（b）永磁体宽度尺寸为 3 mm 时密封间隙处
磁感应强度 **B** 分布图

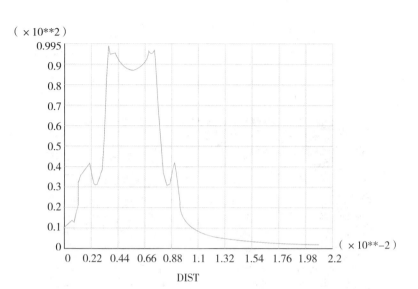

（c）永磁体宽度尺寸为 4 mm 时密封间隙处磁
感应强度 B 分布图

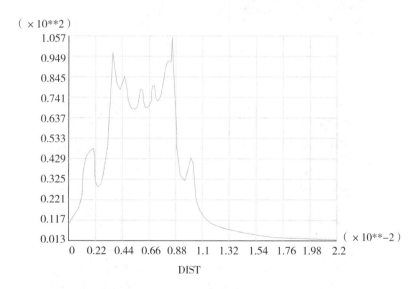

（d）永磁体宽度尺寸为 5 mm 时密封间隙处
磁感应强度 B 分布图

图 6-20 永磁体宽度不同时密封间隙处磁场强度 B 分布图

图 6-21 为分瓣式密封装置永磁体宽度尺寸变化时模拟密封间隙处磁通密度

云图。从图 6–21 中（a）（b）（c）（d）磁通密度云的分布区域分析：随着永磁体宽度尺寸值的增大，图中磁通量越来越发散，范围由集中在密封间隙内向外扩散，分瓣式结构密封间隙处的磁通量颜色趋于黄色，这说明磁通密度值越来越小了，磁场梯度也随着越来越小了，降低了分瓣式磁性液体密封胶磁场强度。

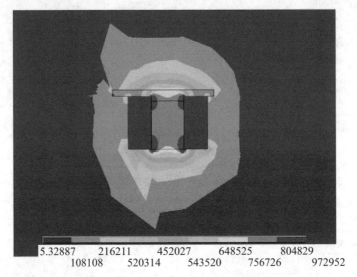

5.32887　　216211　　452027　　648525　　804829
　　108108　　520314　　543520　　756726　　972952

（a）永磁体宽度尺寸为 2 mm 时密封间隙处磁通密度分布云图

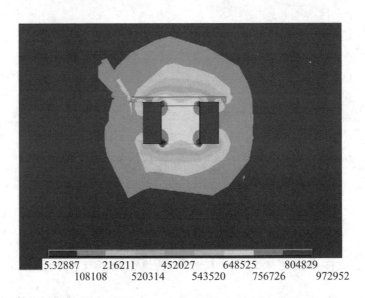

5.32887　　216211　　452027　　648525　　804829
　　108108　　520314　　543520　　756726　　972952

（b）永磁体宽度尺寸为 3 mm 时密封间隙处磁通密度分布云图

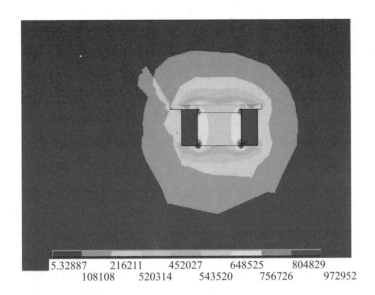

5.32887　　216211　　452027　　648525　　804829
　　108108　　520314　　543520　　756726　　972952

（c）永磁体宽度尺寸为4 mm时密封间隙处磁通密度分布云图

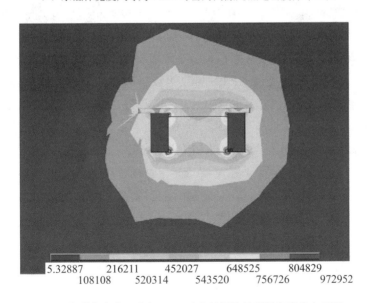

5.32887　　216211　　452027　　648525　　804829
　　108108　　520314　　543520　　756726　　972952

（d）永磁体宽度尺寸为5 mm时密封间隙处磁通密度分布云图

图 6-21 永磁体宽度不同时密封间隙处磁通密度云图

导致分瓣式密封装置间隙处的磁通密度值减弱的主要原因如下。一是由于永磁体宽度尺寸增加，而密封间隙尺寸不变，这就增加了磁场穿过密封间隙的面积，使得磁场工作点变低，磁场梯度差减小，根据式（3-96）可以推断出，磁场梯度差减小，磁通密度也随着相应的减小，分瓣式结构磁性密封胶的磁场强度减弱。二是由于永磁体宽度尺寸的增加，使得漏磁现象更为严重，磁通密度较小，分瓣式结构磁性密封胶的磁场强度也越来越弱。

综合以上分析，当保持导磁条宽度为 1.5 mm、密封间隙为 0.2 mm 时，随着永磁体宽度尺寸从 2 mm 增加到 5 mm 时，磁场强度逐渐降低，合理设计分瓣式结构永磁体宽度尺寸对提高磁场强度至关重要。

6.3.3　改变磁场方向对密封泄漏瓶颈点处磁场强度的影响

为了提高间隙内的磁场强度，特别是两瓣壳体内部交接点处的磁场强度，使得磁性密封胶在磁场力的作用下吸附在间隙内，达到均匀填涂，避免使用密封胶涂抹不均出现泄漏通道造成密封失效情况。前面章节对磁铁水平充磁，因为磁场的目的是为提高两瓣壳体内部交接点处的磁场强度，本节保持有限元模型不变，参数以密封间隙尺寸值为 0.2 mm、导磁条宽度尺寸为 1.5 mm、永磁体宽度尺寸为 3 mm 讨论将充磁方向改为垂直方向对密封间隙内磁场有限元分析，与水平充磁方向磁场仿真比较，分析磁场强度的变化。

图 6-22 为充磁方向不同时密封间隙处磁感应强度 B 分布图，从图 6-22 磁感应强度分布的数值分析：当以垂直方向充磁时，即图 6-22 中的（b）所示，最大磁感应强度值为 0.906 T，最低磁感应强度值为 0.004 T，磁场梯度差为 0.902 T；当以水平方向充磁时，即图 6-22 中的（a）所示，最大磁感应强度值为 1.07 T，最低磁感应强度值为 0.02 T，磁场梯度差为 1.05 T，磁场梯度差明显增大了，这说明当以水平方向充磁时能够提高磁感应强度，有利于磁性密封胶的均匀填涂，进而有利于分瓣式装置的密封。

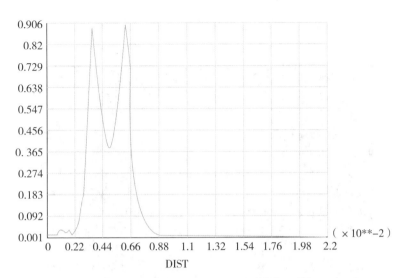

（a）水平充磁方向密封间隙处磁感应强度 *B*
分布图

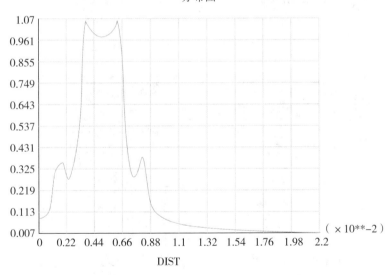

（b）垂直充磁方向密封间隙处磁感应强度 *B*
分布图

图 6-22 充磁方向不同时密封间隙处磁感应强度 *B* 分布图

图 6-23 为充磁方向不同时密封间隙处磁通密度云图。从图 6-23 中的（b）可以看出：磁场基本处于中心位置，而分瓣式外壳内部交接处即第一章中讨论的密封瓶颈点处无磁场分布，显然垂直充磁不能满足设计的需求。图 6-23 中

的（a）可以看出：密封瓶颈点处存在磁场分布，磁性密封胶能够在磁场力的作用下填充该区域，符合设计的需求。

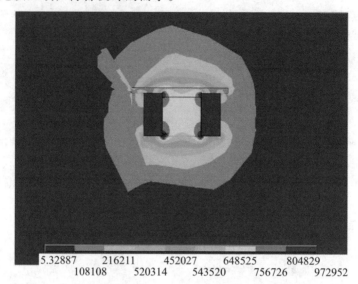

5.32887   216211   452027   648525   804829
     108108   520314   543520   756726   972952

（a）水平充磁方向密封间隙处磁通密度分布云图

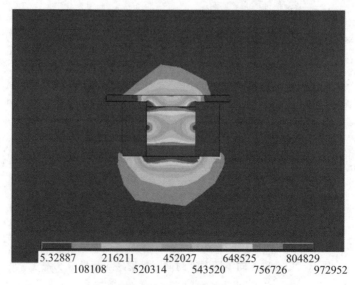

5.32887   216211   452027   648525   804829
     108108   520314   543520   756726   972952

（b）垂直充磁方向密封间隙处磁通密度分布云图

图 6-23 充磁方向不同时密封间隙处磁通密度云图

综合以上分析，设计磁场充磁方向为水平方向符合设计需求，更有利于分瓣式结构密封。

6.3.4 考虑内部轴密封处磁铁对密封泄漏瓶颈点处磁场强度的影响

前面讨论了在分瓣式壳体结合处径向梯度磁场仿真结果，在泄漏瓶颈点处存在较强的磁场强度，能够将磁性密封胶吸附在该点处，解决普通胶导致的密封瓶颈点处容易泄漏的问题。同时，分瓣式外壳的密封要与内部磁性液体旋转轴密封结合，而内部磁性液体旋转轴密封也需要永磁体来控制磁性液体以形成围绕旋转轴类似于密封圈的圆环。该节将讨论考虑内部旋转轴磁性液体密封的磁铁影响，研究泄漏瓶颈点处的磁感应强度分布及磁感应强度分布。

较之前面章节的有限元分析，该仿真模型（如图6-24所示）加入了内部旋转轴磁性液体密封磁铁对泄漏瓶颈点的影响，该处磁铁为圆环形，磁力方向平行轴向，与外壳磁铁磁力方向垂直交叉，由图6-24中A22区域表示，外壳磁铁采用水平充磁方向，由图6-24中A7表示，模拟其泄漏瓶颈点处的磁感应强度分布如图6-25所示。

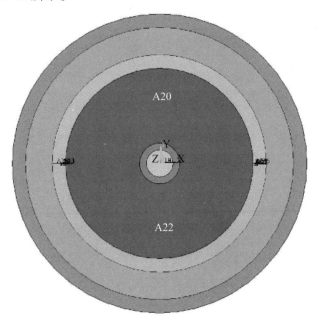

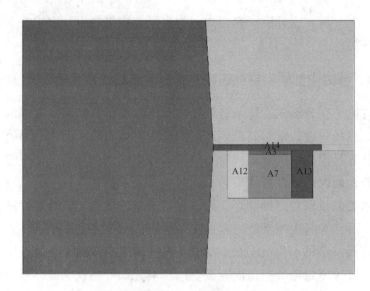

图 6-24　有限元模型及泄漏瓶颈点处放大图

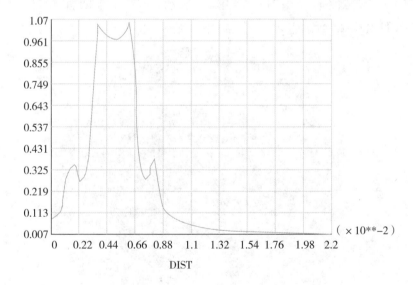

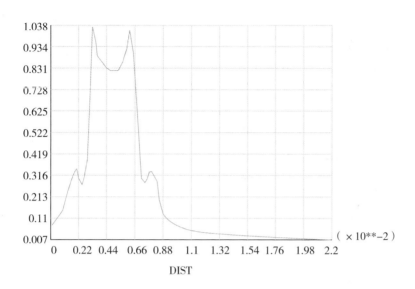

图 6-25　不考虑和考虑内部磁铁磁力作用泄漏瓶颈点处的磁感应强度分布

从图 6-25 可以看出，当考虑内部旋转轴磁性液体密封径向方向磁力的磁铁时，该磁铁对外壳分瓣处的磁感应强度分布不会造成干扰，因为图中的磁感应强度分布曲线的形状没有变化。从磁感应强度曲线的数值分析，根据式（4-76），考虑内部磁铁的作用稍稍降低了分瓣处的耐压能力。

6.4　磁场理论耐压能力分析

上面章节分别讨论了完整式极靴和分瓣式极靴与轴间隙内的磁场和分瓣式外壳采用磁性密封胶粘接时的磁场，本节结合第 3 章的理论分析分瓣式密封结构的论文耐压能力，为实验奠定理论基础。

图 6-26 为采用不同结构的极靴与轴间隙处的理论密封耐压能力比较图，图中的数据来源于 4.1 节和 4.2 节仿真计算结果。从图 6-26 能够看出：该分瓣式密封结构采用两种方案，即完整式极靴和分瓣式极靴，分瓣式极靴的密封粘接又采用三种方式，分别仿真并计算两种方案的密封耐压能力。完整式极靴的理论密封耐压能力为 2.3 atm，以此为标准完成分瓣式极靴的粘接密封，采用普通胶粘接分瓣式极靴时，其理论密封耐压能力为 0.6 atm，明显低于完整式极

靴的理论密封耐压值，采用磁性密封胶粘接分瓣式极靴时，其理论密封耐压能力为 1.5 atm，密封线优于采用普通胶粘接分瓣式极靴时的理论耐压值，但低于完整式极靴，继续改进分瓣式极靴结构，仍然采用磁性密封胶密封粘接分瓣式极靴，保持极齿数量不变的情况下，缩小分瓣式极靴厚度，增加两圈磁铁，此时的理论密封耐压能力值为 3.3 atm，高于完整式极靴的理论耐压值，完美地解决了分瓣式极靴的密封耐压难题。

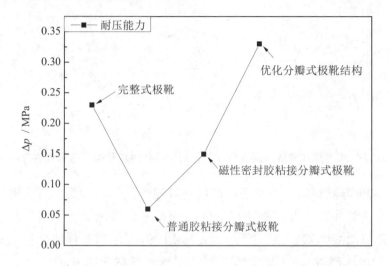

图 6-26　不同结构极靴与旋转轴间隙处理论密封耐压能力比较

接下来结合第 3 章的理论推导结果讨论当永磁体宽度尺寸不同时分瓣式外壳的理论耐压能力，其计算胶粘耐压强度以及磁场力耐压强度参数如表 6-1 所示。

表 6-1　计算胶粘耐压强度以及磁场力耐压强度参数表

参数	值	单位
磁性密封胶剪切模量（G）	23	MPa
半壳体的杨式模量（E）	200	GPa
普通密封胶剪切模量（G）	30	MPa
永磁体宽度尺寸（M_w）	2、3、4、5	mm
导磁条宽度尺寸（S_w）	0.5、1、1.5、2	mm

续　表

参数	值	单位
样品饱和磁化强度（M_s）	158	Gs
半壳体垂直厚度（t）	80	mm
凹槽深度（l_h）	3.5	mm
间隙（l_g）	0.2	mm
壳体厚度（l_d）	10	mm

　　图 6-27 为分瓣式结构磁性密封胶装置永磁体宽度不同时理论计算磁性密封胶的磁性耐压能力和黏性耐压能力比较图，图中 M_w 指永磁体宽度。

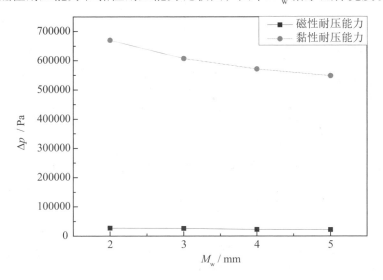

图 6-27 M_w 尺寸不同磁性密封胶理论磁性耐压能力和黏性耐压能力比较图

　　从图 6-27 可以看出：随着永磁体宽度尺寸的增大，黏性耐压能力和磁性耐压能力都在相对比例的减小，从整体上分析，黏性耐压能力远远高于磁性耐压能力，当永磁体宽度尺寸增加到 5 mm 时，磁性密封胶的磁性耐压能力已经基本接近于 0，而它的黏性耐压能力还能保持在 5 atm 以上，说明永磁体宽度越小越有助于分瓣式密封，并且磁性密封胶的胶黏性对于密封起到主导作用。关于磁性密封胶磁性耐压曲线分布是由于永磁体宽度尺寸增大，导致永久磁铁工作点降低，磁回路磁阻增加，漏磁更为严重，所以磁性耐压能力降低；关于磁性密封胶黏性耐压能力降低是因为随着永磁体宽度尺寸增大，其理论密封间隙随着增大，而该磁性密封胶的剪切模量不变，两瓣壳体的弹性模量以及厚度不变，导致该磁性密封胶的黏性耐压能力降低。

图 6-28 为分瓣式结构磁性密封胶装置导磁条宽度不同时理论计算磁性密封胶的磁性耐压能力和黏性耐压能力比较图，图中 S_w 指导磁条宽度。

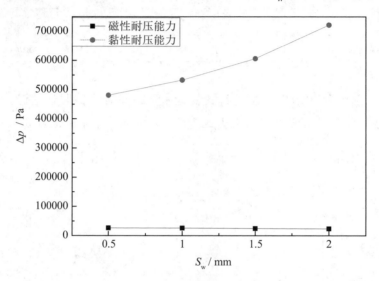

图 6-28 S_w 尺寸不同磁性密封胶理论磁性耐压能力和黏性耐压能力比较图

结合图 6-27 和图 6-28 可以看出：不管是随着永磁体宽度尺寸的变化还是随着导磁条宽度尺寸的变化，图中都表现为黏性耐压能力远远高于磁性耐压能力，这是由磁性密封胶的性质决定的，磁性密封胶涂抹的时候为液态，能够在磁场力的作用下流动，当磁性密封胶的涂抹量超出间隙体积时，磁性密封胶能够在磁场的作用下均匀地填涂在每个区域，磁性密封胶静置 12 h 以后为固态，而此时才能真正起到密封耐压作用。图 6-28 中随着导磁条宽度的增加，磁性耐压能力略有下降，这是因为导磁条宽度增加，磁回路磁阻越来越大，密封间隙内的磁通总量减小，磁通密度也就越来越小，导致磁性能降低。但黏性耐压能力呈现明显的上升趋势，这是由于导磁条宽度增加，导致两瓣壳体结合面处的理论间隙减小，而该磁性密封胶的剪切模量不变，两瓣壳体的弹性模量以及厚度不变，导致该磁性密封胶的黏性耐压能力升高。

图 6-29 列出了当永磁体宽度和导磁条宽度不同时磁性密封胶的理论耐压

值，也印证了上面的讨论，根据式（4-90）可知，两种磁性密封胶的理论耐压值即为该磁性密封胶的磁性耐压能力值与黏性耐压能力值之和，由于磁性耐压能力在总体耐压能力值中所占的比例非常小，甚至可以忽略不计，所以显现在图中的曲线由黏性耐压能力主导。

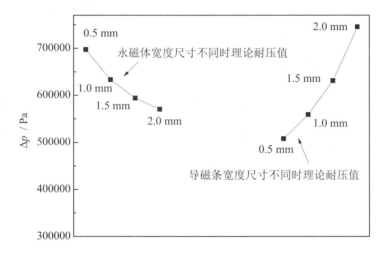

图 6-29 M_w 和 S_w 尺寸不同时分瓣式密封装置理论耐压能力比较图

从图 6-29 可以看出：磁性密封胶的理论耐压值都能保持在 5atm 左右，随着永磁体宽度的增加，其理论耐压能力呈现下降趋势，随着导磁条宽度的增加，其理论耐压能力呈现上升趋势，设计最佳的尺寸结构将有利于分瓣式密封装置的密封耐压性能。

6.5 本章小结

本章试图解决分瓣式密封的两个关键泄漏点问题，即分瓣式极靴与轴间的密封和分瓣式外壳与极靴密封圈之间的密封问题，分别对两处的磁场进行了仿真分析，分析结果表明：采用磁性密封胶粘接密封分瓣式极靴时的理论密封耐压值远远高于采用普通胶粘接密封分瓣式极靴的理论密封耐压值，但低于完整式极靴的理论密封耐压值，在此基础上，仍然采用磁性密封胶密封粘接分瓣式极靴，保持极齿数量不变的情况下，缩小分瓣式极靴厚度，同时增加两圈磁铁，此时的理论耐压值高于完整式极靴的理论耐压值。针对分瓣式外壳的密封设计了一种新型结构，仍采用磁性密封胶密封，其导磁条宽度尺寸和永磁体宽度尺寸对密封泄漏瓶颈点处的磁场强度有影响，总结计算其理论耐压值，磁性密封胶的黏性耐压能力远远高于磁性耐压能力，磁性密封胶液态时能够在磁场力的作用下均匀填充密封间隙区域，磁性密封胶固态时能起到密封耐压作用。设计磁场充磁方向为水平方向符合设计需求，更有利于分瓣式结构密封。当考虑内部旋转轴磁性液体密封径向方向磁力的磁铁时，该磁铁对外壳分瓣处的磁感应强度分布不会造成干扰。

通过对分瓣式结构密封磁场数值分析，对分瓣式结构磁性密封胶密封装置的设计以及不同分瓣式密封装置的密封性能的评价和界面失效临界应力的预估提供参考，为实验奠定理论基础。

7 分瓣式外壳磁性密封胶密封磁场数值分析

为了设计更为合理的分瓣式磁性密封装置胶接面尺寸，用 ANSYS 模拟软件对磁性密封胶在磁场力作用下能够承受的最大压差进行了数值分析。

7.1 分瓣式外壳磁性密封胶平面密封磁场有限元分析

分瓣式磁性密封胶平面密封磁场有限元拟在分析磁场对密封间隙内磁性密封胶耐压能力的影响，对比密封间隙内磁性密封胶理论耐压能力计算，调整磁性颗粒与密封胶的配置比例，既调整磁性密封胶的饱和磁化强度，使其与密封胶的粘度相结合，达到最大密封耐压能力。

7.1.1 建立 ANSYS 有限元模型

通过编写 ANSYS 运行程序实现分瓣式磁性密封胶平面密封磁场有限元分析，根据胶接处平面密封结构图建立 ANSYS 有限元模型，如图 7-1 和图 7-2 所示。

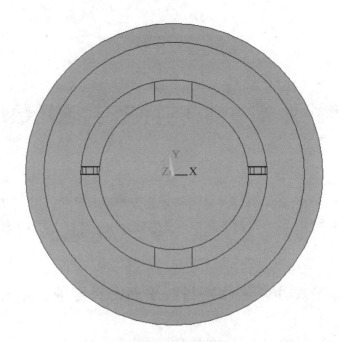

图 7-1 有限元模型

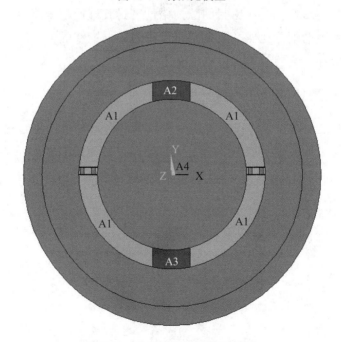

图 7-2 赋予属性的有限元模型

　　整体设计思想为最外面的圆环为的无穷远区域（INFIN110），使用INFIN110单元，外圆环区域为空气，并设置该单元为无限远（IFE）区域，它们的外表面加无限表面（INF）标志，该边界条件能够有效、精确、灵活地描述磁场耗散问题。内部模型上下两块为永久磁铁，两块永久磁铁的磁极分别为N-S和S-N，这样就使得磁力线沿着两瓣导磁壳壁旋转一周，在狭小的胶接处产生较大磁场强度，磁性密封胶受到磁场力的作用，能够均匀的分布在间隙内，一方面作用使得涂抹的更均匀，不存在泄漏通道，另一方面作用是磁性密封胶在磁场力的作用下能够产生磁性耐压差，使得磁性密封胶存有胶黏性的同时还受到磁场力的作用。两边为设计的凹凸形状的壳外壁，采用凹凸形状是结合微观界面模拟和实际加工成本选择的结构形状，使其既能在密封上优于完全平面结构，在加工上又能大大减小相比于正弦曲线结构的加工成本。

　　设计模型属性部分代码如下：

```
!!!!!!!!45# 钢参数 !!!!!!!!!!!!!!!
MFEsteel=1050    !铁芯磁导率！
!!!!!!!! 空气参数 !!!!!!!!!!!!!!!
MAIRair=1     !空气磁导率！
!!!!!!!! 磁铁参数 !!!!!!!!!!!!!!!
HC2=930000 ! 永磁体磁矫力：单位 A/m!
MFE2=1.05   !铁芯磁导率！
!!!!!!!!!!!!!!!!!!!!!!!
EMUNIT,MKS
!!!!!!!!!!!!!!!!!!!!!!!
ET,1,PLANE53,,,!!
ET,2,PLANE53,,, !!
ET,3,PLANE53,,,  !!
ET,4,PLANE53,,, !!
ET,5,INFIN110,,, !!
!!!!!!!!!!!!!!!!!!!!!!!
MP,MURX,1,MFEsteel
!!!!!!!!!!!!! 磁铁 1!!!!!!!!!!!!!!!!!!!!!!!!
MP,MURX,1,MFEsteel
```

MP,MURX,2,MFE2

MP,MGXX,2,–HC2

MP,MURX,3,MFE2

MP,MGXX,3,HC2

MP,MURX,4,MAIRair

MP,MURX,5,MAIRair

7.1.2　模型网格划分

为了使得密封间隙处磁场模拟更加精确，加密间隙处线段节点，设定智能网格划分等级为1，即为最高精度网格，划分密集网格，能够更加精确的计算密封间隙处的磁场强度，有利于分析密封间隙内凹槽宽度变化时磁场强度的变化，磁场梯度对密封耐压能力的影响。生成的网格如图7-3和图7-4所示。

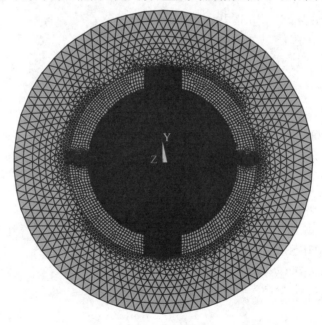

图7-3　网格划分

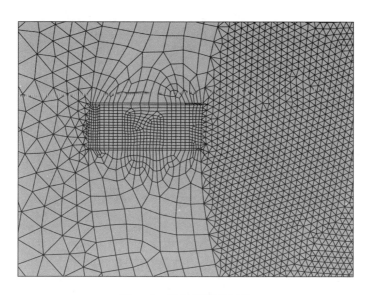

图 7-4　密封间隙处网格

划分完网格后，要对结果进行静态分析，考察静态分析结果的收敛性来判断程序的准确性，进而计算密封间隙处的磁场强度以及磁感应强度。

7.1.3　模型磁力线分布

磁力线在分瓣式密封结构中的分布能够显示磁力线的密度以及查看在分瓣式结构中磁力线的漏磁情况，并且根据对磁力线分布情况的分析，能够判断该分瓣式密封结构的设计合理性。因此对分瓣式磁性密封胶间隙处的磁力线分布具有其必要性。

从图 7-5 可知，该磁力线分布图和设想的一样，磁力线沿着导磁钢分布，并且在两块正负极相反的永久磁铁作用下形成一个闭合的圆环，由于分瓣处密封间隙非常小，磁力线在该狭小的间隙内分布集中，能够产生并增大磁场梯度差，使得磁性密封胶在该磁场梯度下获得密封耐压能力来抵抗两侧压差，使得分瓣式磁性密封结构除了受到胶粘力的约束密封，还能受到磁场力约束密封，并且从该图的磁力线分布图能够看出该分瓣式密封结构的设计是合理的。

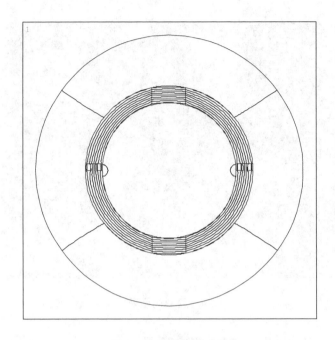

图 7-5　磁力线分布图

从图 7-5 能够发现，有几根磁力线向外侧延展，是由于边界条件设计的是无穷远边界条件，因为磁力线在空气中的密度很小，在密封间隙处磁场强度最大，所以在密封间隙处漏磁现象也最严重。

7.2　不同参数下磁场有限元结果及讨论

7.2.1　密封间隙尺寸不同磁场有限元计算

密封间隙的尺寸大小对分瓣式磁性密封胶密封性能的影响很明显，通过模拟不同密封间隙下的磁通密度云图，间隙处磁通密度放大云图，磁通密度矢量图，磁场强度矢量图，密封间隙处磁通量分布图，密封间隙处磁感应强度分布图等来分析不同密封间隙对磁性密封胶密封性能的影响，本节分别取 0.2 mm、0.4 mm、0.8 mm、1.2 mm、1.6 mm 间隙进行模拟运算。通过磁场模拟分析，结合磁性密封胶的黏性特点，计算磁性密封胶的磁粉比例，使得更好的发挥磁性和黏性的特点，以达到密封的最佳值。

从图 7-6 到图 7-10 可以看出：随着密封间隙的增大，磁场强度**H**分布图的波峰在逐渐减小，波谷在逐渐增大，说明磁场强度**H**的梯度差在逐渐减小，根据公式（3-53）得出，随着磁场梯度的逐渐减小，磁场耐压能力也随着逐渐减小。当密封间隙增加到 0.8 mm 时，在凸型密封间隙内"凸型"竖直两边路径处也显示出凸起的分布磁线，而且随着密封间隙增加到 1.2 mm 至 1.6 mm 时，这种凸起的磁线分布越来越明显，这说明在径向上产生一个磁场梯度与轴向上的磁场梯度相抗衡，使得整体的磁场梯度更小，更不利于磁性密封。

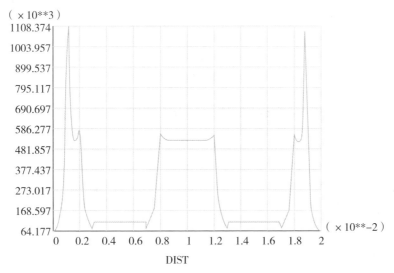

图 7-6　密封间隙为 0.2 mm 时磁场强度**H**分布

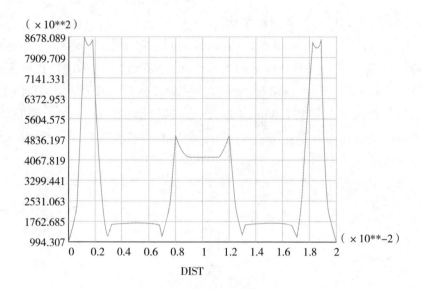

图 7-7　密封间隙为 0.4 mm 时磁场强度H分布

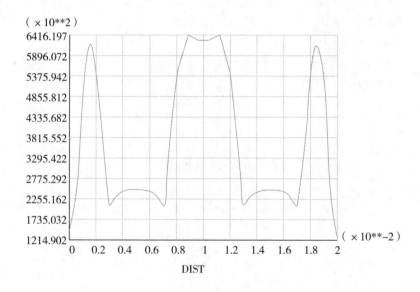

图 7-8　密封间隙为 0.8 mm 时磁场强度H分布

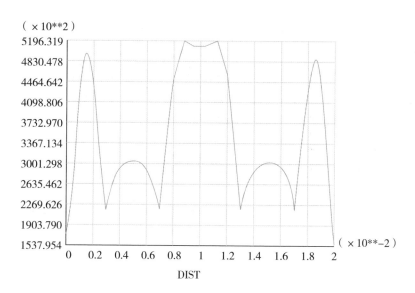

图 7-9   密封间隙为 1.2 mm 时磁场强度 H 分布

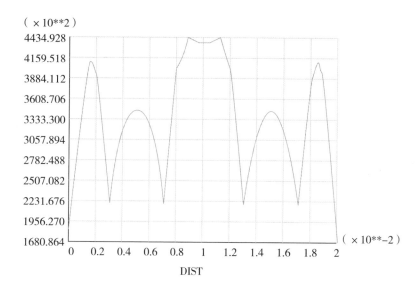

图 7-10   密封间隙为 1.6 mm 时磁场强度 H 分布

从图 7-6 到图 7-10 还可以看出：每幅图中间的凸峰中间位置有一小段平整的曲线，且两边对称凸起，这是因为"凸型"密封间隙内路径上中间平直部分的两边有较强的磁场，而中间部分磁场相对较弱，这部分是最容易漏磁的位置，而随着密封间隙的增大，中间平直位置的磁场分布曲线越来越显示出下凹的趋势，这就说明随着密封间隙的增大，这个位置的漏磁现象越来越严重，使得整体的磁场梯度差越来越小，使得其密封性能越来越差。

从图 7-11 到图 7-15 可以看出：随着密封间隙的增大，磁感应强度B分布图的波峰在逐渐减小，波谷在逐渐增大，说明磁感应强度B的梯度差在逐渐减小，根据式（4-53）得出，随着磁场梯度的逐渐减小，磁场耐压能力也随着逐渐减小。当密封间隙增加到 0.8 mm 时，在凸型密封间隙内竖直两边路径处也显示出凸起的分布磁线，而且随着密封间隙增加到 1.2 mm 至 1.6 mm 时，这种凸起的磁线分布越来越呈现不规则形状，这说明在径向上产生一个磁场梯度与轴向上的磁场梯度相抗衡，使得整体的磁场梯度更小，更不利于磁性密封。密封间隙不同时磁感应强度B的分布图也印证了磁场强度H分布图的一致性。

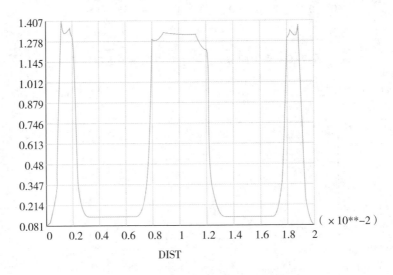

图 7-11　密封间隙为 0.2 mm 时磁感应强度B分布图

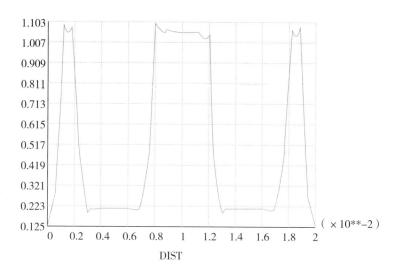

图 7-12　密封间隙为 0.4 mm 时磁感应强度**B**分布图

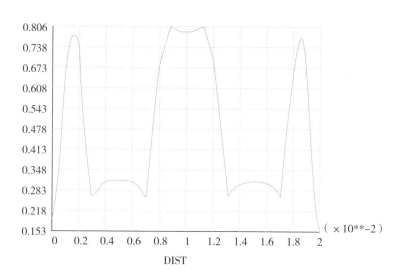

图 7-13　密封间隙为 0.8 mm 时磁感应强度**B**分布图

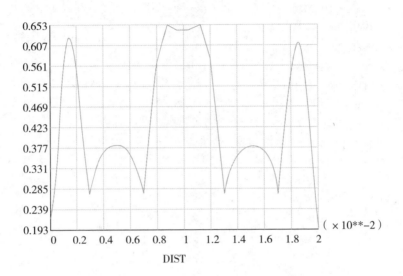

图 7-14　密封间隙为 1.2 mm 时磁感应强度 *B* 分布图

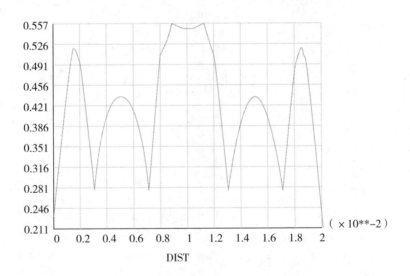

图 7-15　密封间隙为 1.6 mm 时磁感应强度 *B* 分布图

从图 7-16 到图 7-21 可以看出：当密封间隙很小时，磁通密度主要集中在密封间隙内，特别是当密封间隙为 0.2 mm 时，间隙内的磁通密度最密集，随着密封间隙的增大，间隙内磁通密度越来越稀散，尤其增大到 1.6 mm 时，这种现象更为严重，说明磁回路磁阻越来越大，磁路磁通量越来越小，磁通密度越来越小，也就是磁场强度逐渐减弱，导致磁力密封耐压能力越来越低。

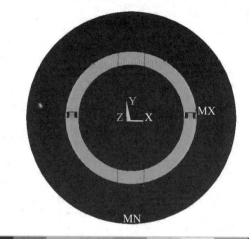

0.493E-05　　0.705383　　1.41076　　2.11614　　2.82152
　　0.352694　　1.05807　　1.76345　　2.46883　　3.1742

图 7-16　间隙为 0.2 mm 时磁通密度云图

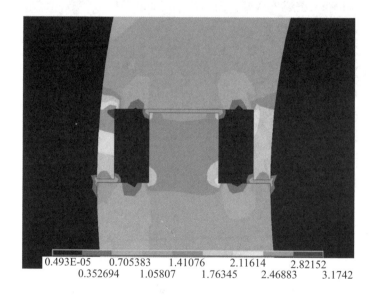

0.493E-05　　0.705383　　1.41076　　2.11614　　2.82152
　　0.352694　　1.05807　　1.76345　　2.46883　　3.1742

图 7-17　间隙为 0.2 mm 时密封间隙处磁通密度云图放大视图

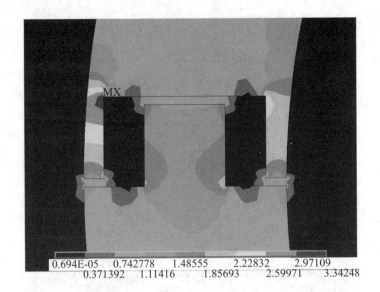

图 7-18　间隙为 0.4 mm 时密封间隙处磁通密度云图放大视图

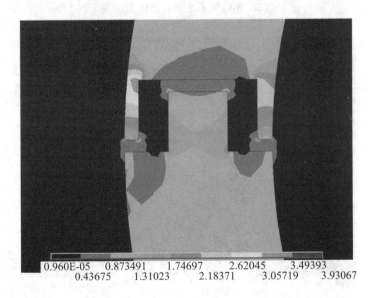

图 7-19　间隙为 0.8 mm 时密封间隙处磁通密度云图放大视图

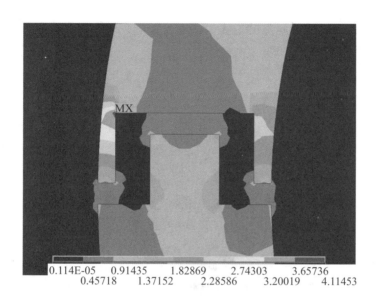

图 7-20 间隙为 1.2 mm 时密封间隙处磁通密度云图放大视图

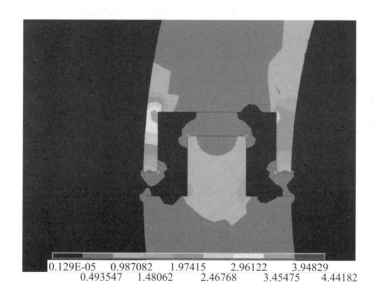

图 7-21 间隙为 1.6 mm 时密封间隙处磁通密度云图放大视图

从图 7-22 到图 7-26 可以看出：磁通密度矢量图显示了磁场量和方向，随着密封间隙的增大，磁场方向由垂直于轴方向转向发散，特别是到了间隙为1.6 mm 时越发明显，这说明密封间隙的尺寸对分瓣式磁性密封胶平面密封的性能影响很大，且随着间隙的增大，漏磁现象越来越明显，永磁体工作点越来越低，密封间隙内磁场变弱，密封能力变低。

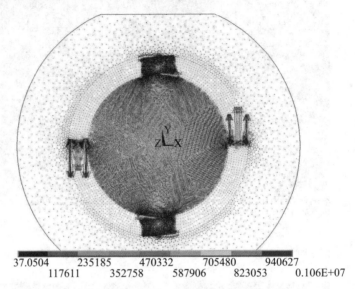

37.0504　　　235185　　　470332　　　705480　　　940627
　　117611　　352758　　　587906　　823053　　0.106E+07

图 7-22　间隙为 0.2 mm 时磁通密度矢量图

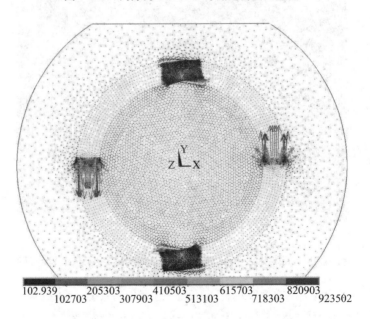

102.939　　205303　　410503　　615703　　820903
102703　　307903　　513103　　718303　　923502

图 7-23　间隙为 0.4 mm 时磁通密度矢量图

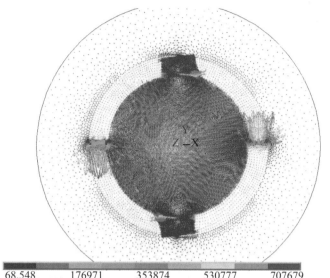

68.548
88519.9
176971
265423
353874
442325
530777
619228
707679
796131

图 7-24　间隙为 0.8 mm 时磁通密度矢量图

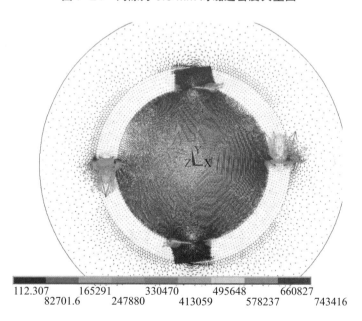

112.307
82701.6
165291
247880
330470
413059
495648
578237
660827
743416

图 7-25　间隙为 1.2 mm 时磁通密度矢量图

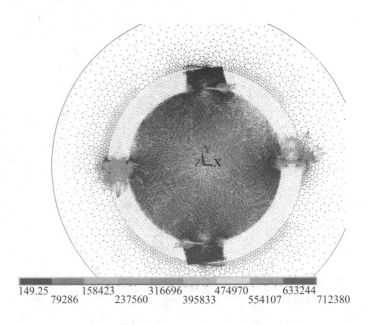

149.25　　158423　　316696　　474970　　633244
　79286　　237560　　395833　　554107　　712380

图 7-26　　间隙为 1.6 mm 时磁通密度矢量图

从图 7-22 到图 7-26 还可以看出随着密封间隙尺寸的增加，密封间隙内的磁场量也越来越少，这是因为穿过密封间隙磁场的面积增大，根据基尔霍夫第一定律和磁路欧姆定律，密封间隙内的磁通总量迅速减小，导致密封耐压能力迅速降低。

7.2.2　　"凸型"肩宽尺寸不同磁场有限元计算

"凸型"肩宽尺寸所描述的是"凸型"齿左右两边的尺寸，以下简称肩宽。肩宽尺寸对形成磁场梯度起到关键作用，磁场梯度差又是分瓣式磁性密封胶密封耐压能力的体现，所以对肩宽尺寸的讨论对实现分瓣式磁性密封胶平面密封是非常有意义的。

本节本着密封间隙值保持 0.2 mm 不变的情况下，调整肩宽分别为 0.2 mm、1.2 mm、2.2 mm、3.2 mm 时模拟计算密封间隙内磁场强度曲线分布，磁感应强度曲线分布，磁通密度分布云，磁通密度矢量等分析肩宽变化对分瓣式磁性密封胶密封耐压能力的影响。

从图 7-27 到图 7-30 可以看出：当肩宽为 0.2 mm 时，肩宽和密封间隙值一样，此时几乎不会产生磁场梯度，磁场强度的最大值和最小值的差也非常小，显示在分布图上为不规则的峰值形状，显然肩宽为 0.2 mm 时是不合理的。当肩宽为 1.2 mm 及以上时，磁场强度分布图呈现规则曲线，磁场梯度差逐渐增大，磁场强度差也逐渐增大，分瓣式磁性密封胶的耐压能力也逐渐增强。

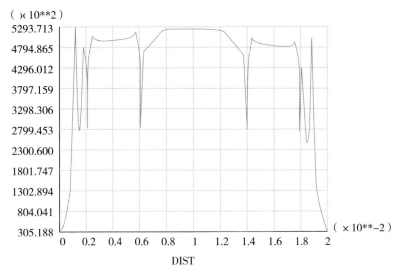

图 7-27　肩宽为 0.2 mm 时密封间隙处磁场强度 H 分布图

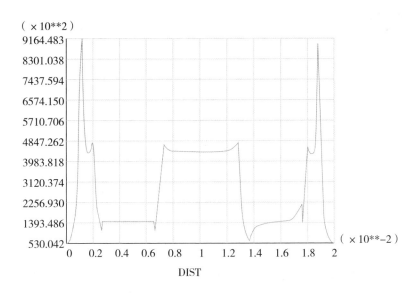

图 7-28　肩宽为 1.2 mm 时密封间隙处磁场强度 H 分布图

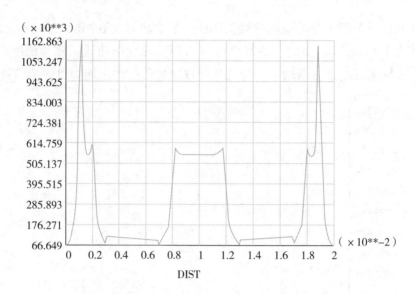

图 7-29　肩宽为 2.2 mm 时密封间隙处磁场强度 *H* 分布图

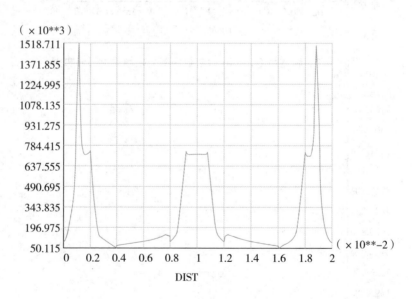

图 7-30　肩宽为 3.2 mm 时密封间隙处磁场强度 *H* 分布图

　　从图 7-31 到图 7-34 可以看出：磁感应强度分布图可以影射磁场强度图，同样是当肩宽和密封间隙都为 0.2 mm 时，此时几乎不会产生磁场梯度，磁场强度的最大值和最小值的差也非常小，显示在分布图上为不规则的峰值形状，显然肩宽为 0.2 mm 时是不合理的。当肩宽为 1.2 mm 及以上时，磁感应强度分布图呈现规则曲线，磁场梯度差逐渐增大，磁场强度差也逐渐增大，分瓣式磁性密封胶的耐压能力也逐渐增强。

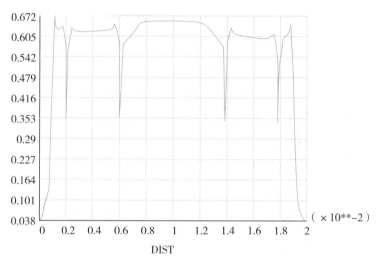

图 7-31　肩宽为 0.2 mm 时密封间隙处磁感应强度 *B* 分布图

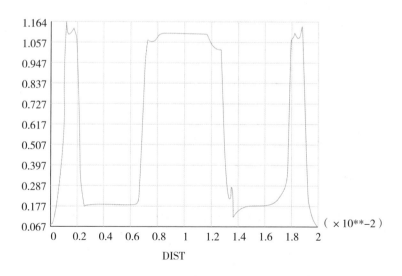

图 7-32　肩宽为 1.2 mm 时密封间隙处磁感应强度 *B* 分布图

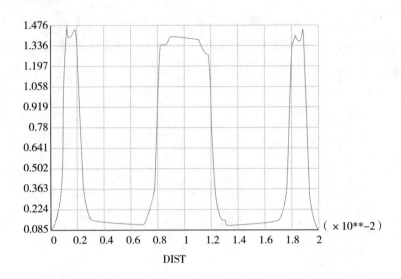

图 7-33　肩宽为 2.2 mm 时密封间隙处磁感应强度**B**分布图

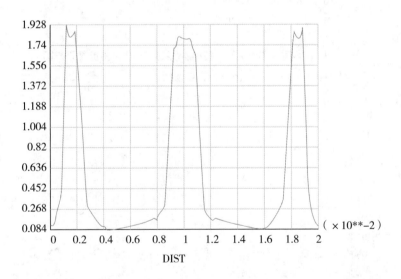

图 7-34　肩宽为 3.2 mm 时密封间隙处磁感应强度**B**分布图

　　从磁场强度分布云图 7-35 到图 7-39 可以看出：因为当密封间隙和肩宽都为 0.2 mm 时，几乎不产生磁场梯度，所以密封间隙内几乎没有磁通量，当肩宽逐渐增大时，磁场梯度差越来越大，磁通密度也越来越集中在密封间隙处，特别是当肩宽增加到 3.2 mm 时，磁回路磁阻越来越小，磁路磁通量反之越来越大，磁通密度也越来越大，也就是磁场强度逐渐增强，使得分瓣式磁性密封胶在磁场力作用下的密封耐压能力越来越强。

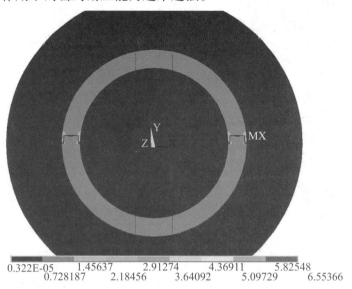

图 7-35　肩宽为 0.2 mm 时密封间隙处磁通密度分布云图

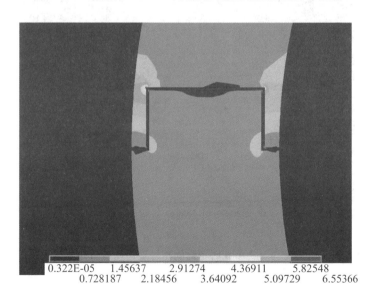

图 7-36　肩宽为 0.2 mm 时密封间隙处磁通密度分布云放大视图

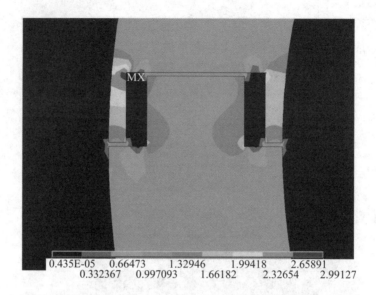

图 7-37　肩宽为 1.2 mm 时密封间隙处磁通密度分布云放大视图

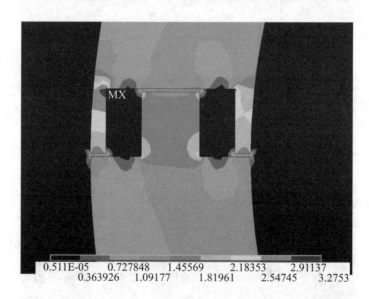

图 7-38　肩宽为 2.2 mm 时密封间隙处磁通密度分布云放大视图

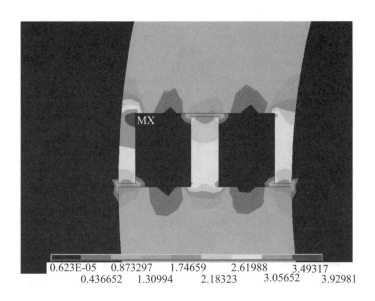

0.623E-05   0.873297   1.74659   2.61988   3.49317
    0.436652   1.30994   2.18323   3.05652   3.92981

图 7-39 肩宽为 3.2 mm 时密封间隙处磁通密度分布云放大视图

从磁通密度矢量图 7-40 到图 7-43 可以看出：当肩宽和密封间隙值都为 0.2 mm 时，磁通密度矢量磁场方向发散于轴向方向，说明此时磁场强度很弱，分瓣式磁性密封胶的磁力耐压性能很差。当肩宽逐渐从 1.2 mm 增加 3.2 mm 时，磁场方向由发散于轴向方向转向垂直于轴向方向，且随着肩宽的增大，漏磁现象越来越弱化，磁场梯度差越来越大，磁力密封耐压能力越来越强。

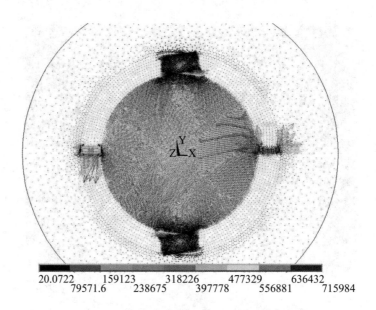

| 20.0722 | | 159123 | | 318226 | | 477329 | | 636432 | |
| | 79571.6 | | 238675 | | 397778 | | 556881 | | 715984 |

图 7-40　肩宽为 0.2 mm 时磁通密度矢量图

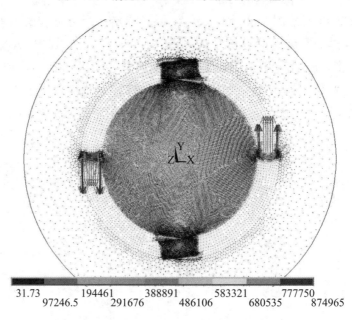

| 31.73 | | 194461 | | 388891 | | 583321 | | 777750 | |
| | 97246.5 | | 291676 | | 486106 | | 680535 | | 874965 |

图 7-41　肩宽为 1.2 mm 时磁通密度矢量图

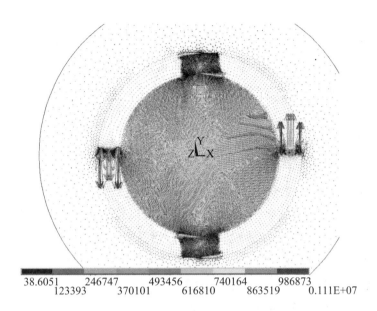

38.6051   246747   493456   740164   986873
    123393   370101   616810   863519   0.111E+07

图 7-42   肩宽为 2.2 mm 时磁通密度矢量图

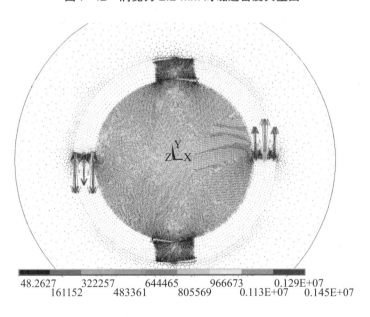

48.2627   322257   644465   966673   0.129E+07
    161152   483361   805569   0.113E+07   0.145E+07

图 7-43   肩宽为 3.2 mm 时磁通密度矢量图

从图 7-40 到图 7-43 还可以看出肩宽尺寸对分瓣式磁性密封胶磁力密封耐压能力的影响很明显,肩宽尺寸增大,通过密封间隙内的磁场量也越来越大,密封间隙内的磁通总量也随着增大，导致磁力密封耐压能力增强。

7.2.3 "凸型"肩高尺寸不同磁场有限元计算

"凸型"肩高尺寸所描述的是"凸型"齿垂直方向的尺寸，以下简称肩高。肩高尺寸和肩宽尺寸一样，对形成磁场梯度起到关键作用，对实现分瓣式磁性密封胶平面密封具有非常重要的意义。

本节保持密封间隙值为 0.2 mm 不变，肩宽为 1.2 mm 不变的情况下，调整肩高分别为 1 mm、2 mm、4 mm、6 mm 时模拟计算密封间隙内磁场强度曲线分布，磁感应强度曲线分布，磁通密度分布云，磁通密度矢量，磁场强度矢量等分析肩高变化对分瓣式磁性密封胶密封耐压能力的影响。通过磁场模拟分析，结合磁性密封胶的黏性特点，找到最佳的肩高尺寸，使得磁性密封胶更好的发挥磁性和黏性的特点，以达到密封的最佳值。

从磁感应强度图 7-44 到图 7-47 能够看出，当密封间隙和肩宽保持不变的情况下，随着肩高的增加磁感应强度曲线最大值和最小值的差在逐渐减小，从该四幅图呈现的峰值形状来看，都为较规则曲线，即这几个肩高的值从理论上分析都能够在密封间隙内产生磁场梯度，并且当肩高取 1 mm 时显示分瓣式磁性密封的耐压能力值最大，后面章节还会结合磁性密封胶的胶黏性讨论分瓣式密封装置的耐压性能。

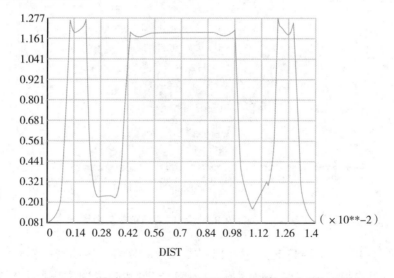

图 7-44 肩高为 1 mm 时密封间隙处磁感应强度**B**分布图

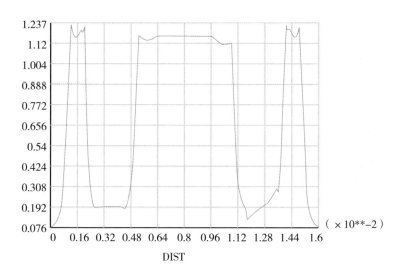

图 7-45   肩高为 2 mm 时密封间隙处磁感应强度**B**分布图

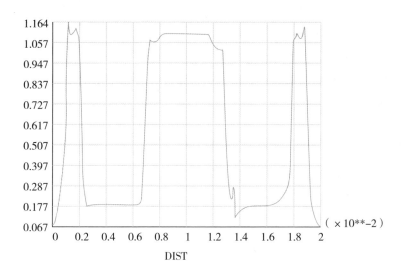

图 7-46   肩高为 4 mm 时密封间隙处磁感应强度**B**分布图

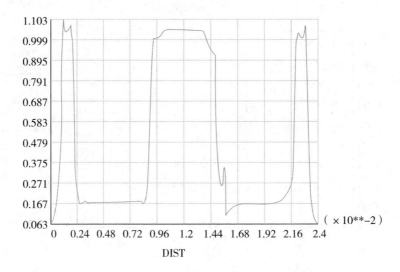

图 7-47　肩高为 6 mm 时密封间隙处磁感应强度**B**分布图

为了更好地分析肩高尺寸对分瓣式密封装置耐压性能的影响，又对不同肩高尺寸值进行了模拟分析，磁场强度图 7-48 到图 7-51 分别为肩高为 1 mm、2 mm、4 mm、6 mm 时密封间隙处磁场强度**H**分布图，从这 4 幅图能够看出，当肩高尺寸不断增加时，**H**分布曲线图的最大值与最小值的差减小，这也同时影射了上面 **B** 分布曲线的一致性。

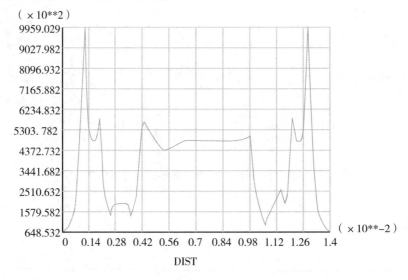

图 7-48　肩高为 1 mm 时密封间隙处磁场强度**H**分布图

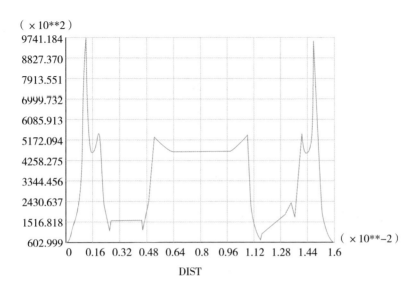

图 7-49　肩高为 2 mm 时密封间隙处磁场强度 H 分布图

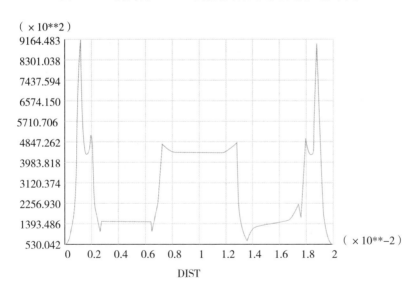

图 7-50　肩高为 4 mm 时密封间隙处磁场强度 H 分布图

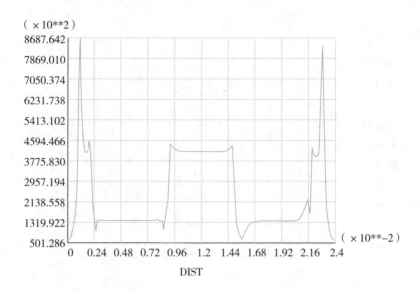

（×10**2）

（×10**−2）

DIST

图 7-51　肩高为 6 mm 时密封间隙处磁场强度 *H* 分布图

　　从磁场强度分布图 7-48 到图 7-51 还可以看出，当肩高尺寸为 1 mm 和 2 mm 时，其 *B* 分布曲线两边峰中间位置出现曲齿明显，而当肩高尺寸为 4 mm 和 6 mm 时两边峰中间位置出现的曲齿越来越不明显，这是因为肩高尺寸较小时漏磁较严重引起的。

　　由磁感应强度矢量图 7-52 到图 7-55 所示，当肩高尺寸由 1 mm 增加到 6 mm 时密封间隙处的磁感应强度 *B* 矢量图不难发现，磁感应强度矢量越来越发散，而且磁场密度也越来越小，这与理论上增大肩高尺寸带来的磁阻增大，磁能积也越来越小，带来的磁通密度越来越小吻合。

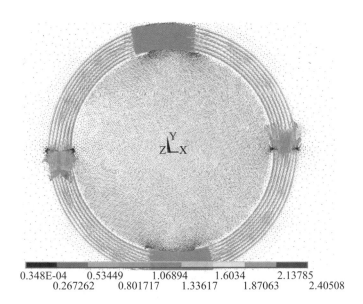

0.348E-04		0.53449		1.06894		1.6034		2.13785	
	0.267262		0.801717		1.33617		1.87063		2.40508

图 7-52　肩高为 1 mm 时密封间隙处磁感应强度 **B** 矢量图

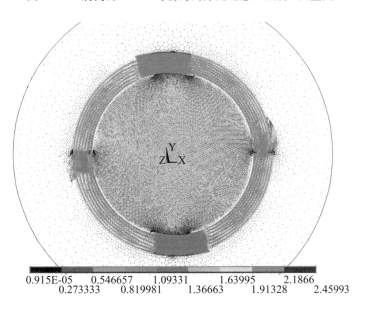

0.915E-05		0.546657		1.09331		1.63995		2.1866	
	0.273333		0.819981		1.36663		1.91328		2.45993

图 7-53　肩高为 2 mm 时密封间隙处磁感应强度 **B** 矢量图

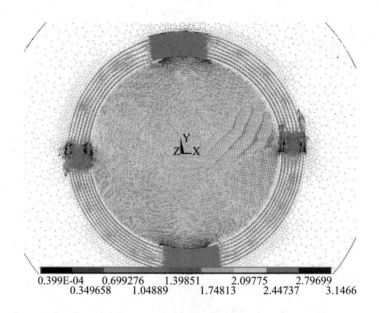

图 7-54 肩高为 4 mm 时密封间隙处磁感应强度**B**矢量图

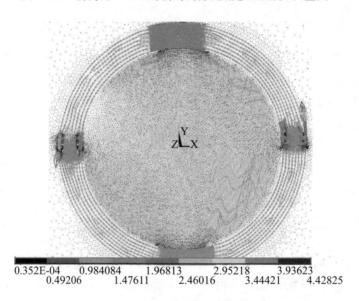

图 7-55 肩高为 6 mm 时密封间隙处磁感应强度**B**矢量图

7.2.4 增加永久磁体数量磁场有限元计算

上面测试的是有上、下两块永久磁铁时对密封间隙内磁性密封胶性能的讨论，当增加多块儿永久磁铁时，当减小永久磁铁与密封间隙的距离时，对磁性密封胶磁力密封性能有何影响呢？此时，保持密封间隙为 0.2 mm，肩宽为2 mm 不变，在左右密封间隙上下都增加两块儿永久磁铁，随着拉近永久磁铁与密封间隙的距离，讨论对磁性密封胶密封性能的影响。

设置永久磁铁之间 N–S 级一一对应，使得永久磁铁之间相互吸引，其磁力线分布图如图 7–56 所示。

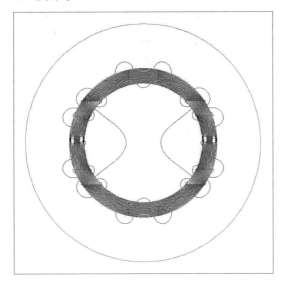

图 7–56　磁力线分布图

从磁感应强度 **B** 值图 7–57 到图 7–60 可以发现，在增加永久磁铁的情况下，磁铁距离间隙的距离由 18 mm 降低到 6 mm 时，磁感应强度图几乎没有变化，这说明磁铁和密封间隙的距离对密封间隙内磁感应强度的影响不大，同样说明磁铁和密封间隙的距离对密封间隙的磁场力耐压能力影响不大。

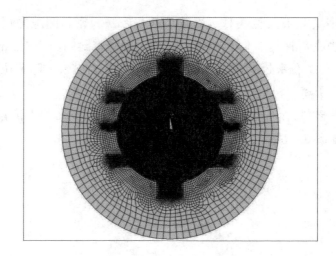

图 7-57 网格划分图

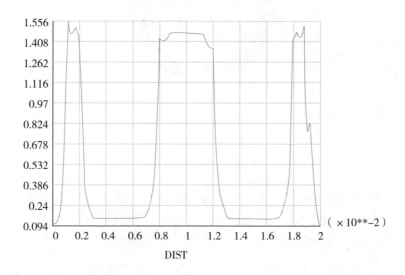

图 7-58 永久磁铁距离密封间隙上端 18 mm 时密封间隙内磁感应强度 B 值分布图

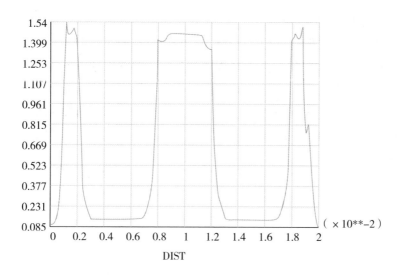

图 7-59　永久磁铁距离密封间隙上端 12 mm 时密封间隙内磁感应强度**B**值分布图

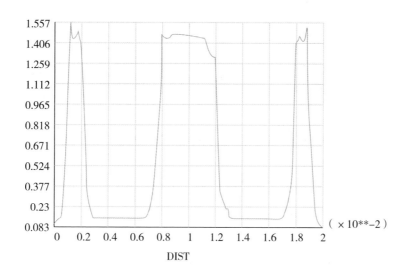

图 7-60　永久磁铁距离密封间隙上端 6 mm 时密封间隙内磁感应强度**B**值分布图

　　那么增加了永久磁铁的分瓣式密封结构是否比增加前的耐压能力增强了呢？接下来我们讨论一下保持密封间隙为 0.2 mm，肩宽为 2 mm 不变情况下，仅增加永久磁铁数量，并且使得永久磁铁之间的 N-S 级互为相反，使得磁力线保持环绕圆环形分瓣式密封装置一圈，模拟仿真这个情况下对密封间隙内磁场力耐压能力的影响。

从密封间隙内磁场强度图 7–61 和图 7–62 可以看出：随着永久磁铁数量的增加，分瓣式密封装置间隙内磁场强度 H 值的分布图形状没有变化，这说明增加永久磁铁的数量对间隙内磁场强度的分布没有影响，但从磁场强度 H 值的梯度差来分析，六块儿永久磁铁时增大了密封间隙内的磁场强度梯度差，相应的也就增加了密封间隙内的磁场力耐压能力。

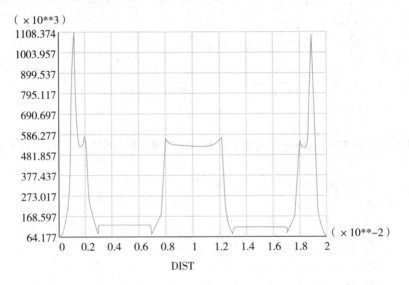

图 7–61　仅有上下两块儿永久磁铁时密封间隙内磁场强度 H 值分布图

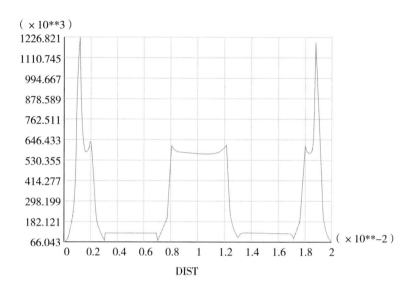

图 7-62　增加到六块儿永久磁铁时密封间隙内磁场强度*H*值分布图

7.3　本章小结

　　因为引起分瓣式密封装置胶接面处的密封泄漏问题的一个重要原因，就是由于操作问题，使得胶体不能均匀的涂抹在交接面上，这也正是采用磁性密封胶的初衷，磁性密封胶受到磁场力的作用，在密封间隙内形成无数条类似密封圈的封闭圆环，解决分瓣式密封装置的泄漏问题。本章从密封间隙尺寸、密封肩宽尺寸、密封肩高尺寸、增加多块儿永久磁铁等方面进行模拟计算分瓣式密封装置间隙处磁性密封胶的磁场强度分布图、磁感应强度分布图、磁通密度云图、磁通密度矢量图探讨对分瓣式磁性密封胶密封性能的影响，结果表明随着密封间隙尺寸的增大，漏磁现象越来越明显，永磁体工作点越来越低，密封间隙内磁场变弱，密封能力变低；随着密封肩宽尺寸的增大，漏磁现象越来越弱化，磁场梯度差越来越大，磁力密封耐压能力越来越强；随着密封肩高尺寸的增大，磁场密度越来越小，磁力密封耐压能力也越来越弱；增加多块儿磁铁能够增加密封间隙内的磁场力，有利于分瓣式磁性密封胶密封的耐压性能，增加的磁铁与密封间隙的距离大小对分瓣式磁性密封胶密封耐压能力的影响不大。

　　综合模拟计算结果，对分瓣式密封装置胶接处的密封间隙尺寸采用 0.2 mm，密封肩宽尺寸采用 1.2 mm，密封肩高尺寸采用 4 mm，这对分瓣式磁性密封胶密封装置的设计以及不同分瓣式密封装置的密封性能的评价和界面失效临界应力的预估提供参考。

8　改变分瓣式外壳结构计算机仿真研究

分瓣式外壳如果能先用螺丝固定好，再填充入磁性密封胶，对分瓣式外壳的平面进行密封，会带来很大优势，如填充均匀，更好的轴心对称等。本章将仿真改变分瓣式外壳结构的磁场变化。

8.1　分瓣式外壳结构磁性密封胶磁场有限元分析

分瓣式结构磁性密封胶平面密封磁场有限元拟在分析间隙内的磁场分布，调整磁性液体与密封胶的配置比例，即调整磁性密封胶的饱和磁化强度，使其与密封胶的粘度相结合，通过仿真磁场分布，分析磁场力控制磁性密封胶的填充区域。

8.1.1　建立 ANSYS 有限元模型

通过编写 ANSYS 运行程序实现分瓣式结构磁性密封胶平面密封磁场有限元分析，根据前面的讨论，建立 ANSYS 有限元模型，如图 8-1 和图 8-2 所示。

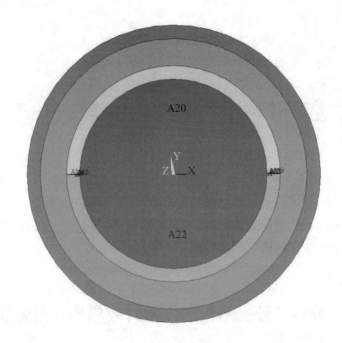

图 8-1 有限元模型

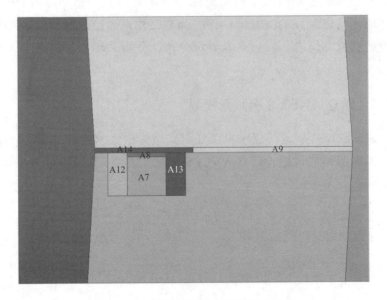

图 8-2 有限元模型外壳间隙处放大图

整体设计思想为最外面的圆环为无穷远区域（INFIN110），使用 INFIN110

单元，外圆环区域为空气，并设置该单元为无限远（IFE）区域，它们的外表面加无限表面（INF）标志，该边界条件能够有效、精确、灵活地描述磁场耗散问题。图 8-2 更能够清晰地表达设计思想，分瓣式外壳结合面处外端为相互接触的不导磁材料，该处的主要作用是控制内填涂磁性密封胶的厚度，而不起密封作用，根据磁性密封胶的性质，控制内端的间隙厚度为 0.2 mm，在内端距离内壁 1 mm 处加工一个凹槽，永久磁铁放在凹槽内部，在永久磁铁两端设置两条形导磁纯铁，在凹槽内形成磁回路，在狭小的结合面处产生较大磁场强度，该结构设计一方面作用是使得磁性密封胶在磁场力的作用下均匀吸附在密封间隙处，不存在泄漏通道，特别是泄漏瓶颈点处也存在磁通密度，磁性密封胶能够在磁场力的作用下充满这个空间，解决泄漏瓶颈点密封失效难题，另一方面作用是磁性密封胶在磁场梯度的作用下具有磁性抗压能力，使得磁性密封胶存有胶黏性的同时还受到磁性的作用。

8.1.2 材料属性的定义

磁场数值分析前要先定义材料的属性，分别定义了不导磁外壳、导磁条、磁性密封胶、永磁体、空气等材料的磁导率，如果材料的 **B–H** 曲线为直线时，磁导率是一个常数，反之，需要输入材料的 **B–H** 数值，导磁条的材料为纯铁，其 **B–H** 曲线如图 8-3 所示，永磁体材料为汝铁硼，磁导率为 1.05，矫顽力为 930 000 A / m，而外壳和磁性密封胶的导磁率都很低，与空气相差不多，因此将外壳和磁性密封胶的磁导率都设为 1，空气的磁导率为 1。

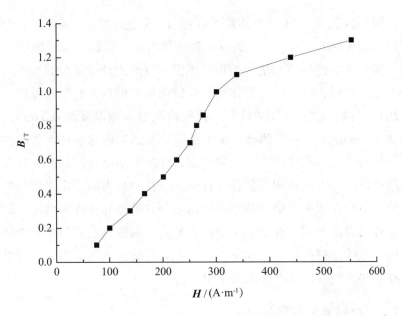

图 8-3　电工纯铁磁化曲线

8.1.3　模型网格划分

为了使得密封间隙处磁场模拟更加精确，加密间隙处线段节点，设定智能网格划分等级为 1，即为最高精度网格，划分密集网格，能够更加精确的计算密封间隙处的磁场强度，有利于分析密封间隙内磁场强度的变化，磁场梯度对密封耐压能力的影响。生成的网格如图 8-4 所示。

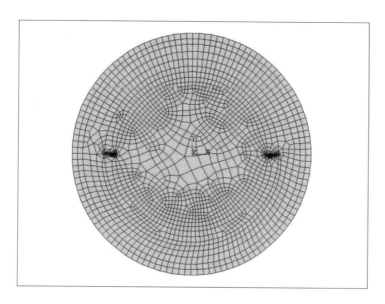

图 8-4　网格图

划分完网格后，要对结果进行静态分析，考察静态分析结果的收敛性来判断程序的准确性，进而计算密封间隙处的磁场强度以及磁感应强度。

8.1.4　模型磁力线分布

磁力线在分瓣式密封结构中的分布能够显示磁力线的密度，以及查看在分瓣式结构中磁力线的漏磁情况，并且根据对磁力线分布情况的分析，能够判断该分瓣式密封结构的设计合理性。因此对分瓣式结构磁性密封胶间隙处的磁力线分布具有其必要性。

从图 8-5 可知，该磁力线分布图和设想的一样，磁场设置为垂直方向，由于分瓣处密封间隙非常小，磁力线在该狭小的间隙内分布集中，能够产生并增大磁场梯度差，根据永磁体两端场强大于中间场强，并且拐点处较强的特性，呈现如上磁力线分布，分瓣式磁性密封结构除了受到胶粘力的约束，还能受到磁场力约束，并且从该图的磁力线分布能够看出该分瓣式密封结构的设计是合理的。

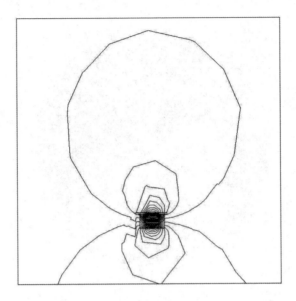

图 8-5　磁力线分布图

从图 8-5 能够发现：有几根磁力线向外侧延展，是由于边界条件设计的是无穷远边界条件，因为磁力线在空气中的密度很小，在密封间隙处磁场强度最大，所以存在漏磁现象。

8.2　不同参数下磁场有限元结果及讨论

8.2.1　导磁条宽度尺寸不同磁场有限元分析

导磁条宽度尺寸大小对分瓣式结构磁性密封胶密封性能的影响很明显，通过模拟不同导磁条宽度尺寸下的磁通密度云图，磁通密度矢量图，磁场强度矢量图，磁通量分布图，磁感应强度和磁场强度分布图等来分析不同导磁条宽度尺寸对磁性密封胶磁场强度的影响。采用磁性密封胶密封平面不同于普通胶，磁性密封胶固化前显示其流动性，即能在磁场力的作用下控制磁性密封胶的填充区域，磁性密封胶能够磁场力的作用下均匀的吸附在两瓣壳体结合处，而耐压性能可以在固化后体现，当磁性密封胶固化后形状类似于磁条，紧紧地吸附在壳体上，同时受到磁场力和剪切力的作用，达到很好的密封效果。本节取永磁体宽度尺寸为 3 mm，导磁条宽度尺寸分别取 0.5 mm、1 mm、1.5 mm、2 mm 进行模拟运算。通过磁场模拟分析，结合磁性密封胶的黏性特点，计算磁性密封胶的磁粉比例，使其更好的发挥磁性和黏性的特点，以达到密封的最佳值。

图 8-6 为分瓣式结构磁性密封胶装置导磁条宽度尺寸变化时磁场强度分布曲线图。从图 8-6 可以看出：随着导磁条宽度尺寸的增大，磁场强度 **H** 分布图的波峰值在逐渐减小，说明磁场强度 **H** 的梯度差在逐渐减小，根据公式（4-76）得出，随着磁场梯度差的逐渐减小，磁场耐压能力也随着逐渐减小。而当导磁条宽度尺寸从 0.5 mm 增加到 2 mm 时，磁场强度 **H** 分布图的形状基本没发生变化，这取决于永磁体宽度尺寸为 3 mm 没有变化，模拟计算过程中，由于考虑胶体的性质，即胶体的厚度为 0.2 mm 最优，所以将间隙尺寸固定在 0.2 mm 计算，导磁条宽度尺寸的微小变化对磁场强度分布的影响没那么明显，距离泄漏瓶颈点的梯度顶点磁场强度明显优于梯度底部磁场强度，能够导向控制磁性密封胶的填充区域，有利于泄漏瓶颈点处的密封。

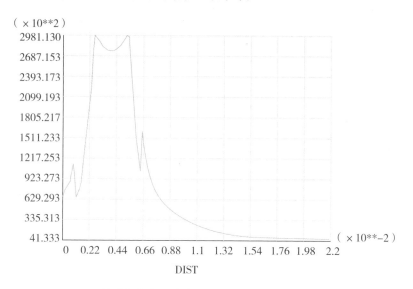

（a）导磁条宽度尺寸为 0.5 mm 时磁场强度 **H** 分布图

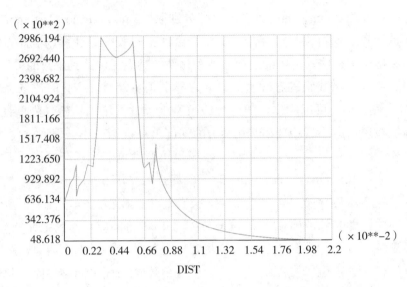

（b）导磁条宽度尺寸为1 mm时磁场强度 **H**
分布图

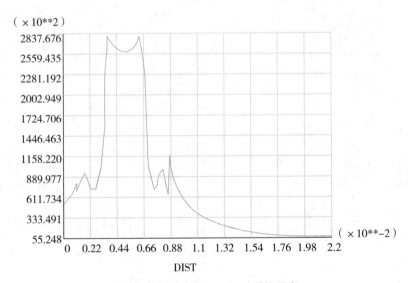

（c）导磁条宽度尺寸为1.5 mm时磁场强度 **H**
分布图

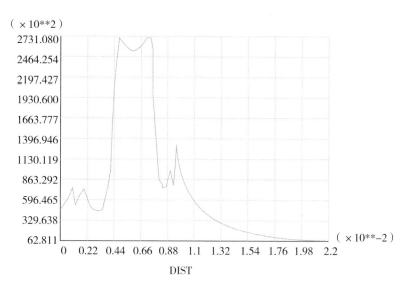

（d）导磁条宽度尺寸为 2 mm 时磁场强度 H
分布图

图 8-6 导磁条宽度尺寸不同时磁场强度 H 分布图

图 8-7 为分瓣式结构磁性密封胶装置导磁条宽度尺寸变化时磁感应强度分布曲线图。结合图 8-6 和图 8-7 分析不难发现：当导磁条宽度尺寸逐渐增大时，分瓣式结构磁性密封胶密封装置间隙处的磁感应强度分布曲线走势类似于磁场强度的分布走势，都是随着导磁条宽度尺寸的增大，磁场梯度越来越小，其耐压能力越来越低，这是因为磁感应强度和磁场强度存在如下关系：$B = \mu H$。式中 μ 为真空磁导率。图 8-6 与图 8-7 的分布曲线走势一致性也正验证了磁感应强度分布图的正确性。

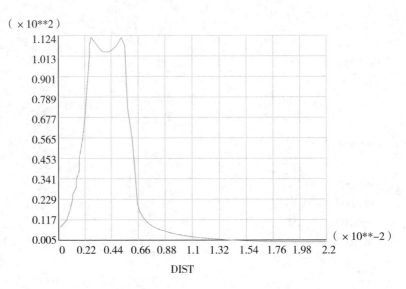

（a）导磁条宽度尺寸为0.5 mm时磁场强度 $\boldsymbol{H}$ 分布图

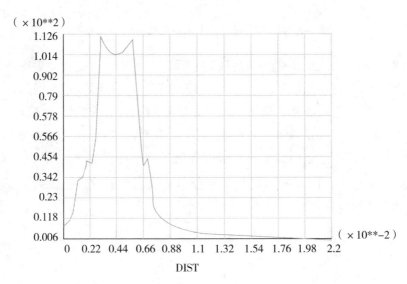

（b）导磁条宽度尺寸为1 mm时磁感应强度 $\boldsymbol{B}$ 分布图

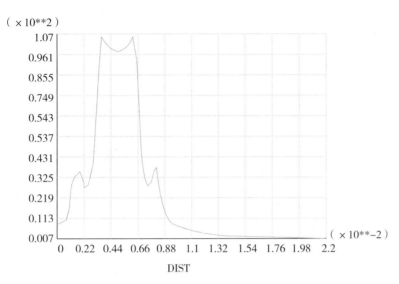

（c）导磁条宽度尺寸为1.5 mm时磁感应强度
*B*分布图

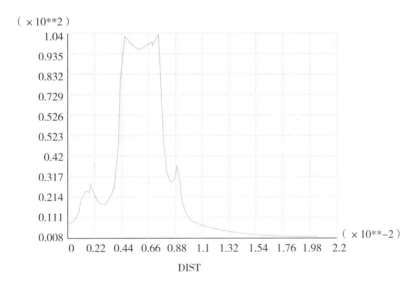

（d）导磁条宽度尺寸为2 mm时磁感应强度 *B*
分布图

图 8-7 导磁条宽度尺寸不同时磁感应强度 *B* 分布图

从数值上分析图 8-7 可以看出：当分瓣式结构磁性密封胶装置导磁条宽度

尺寸为 0.5 mm 时，如图 8-7（a）所示，其最大磁感应强度值为 1.124 T，其最小磁感应强度值为 0.07 T，其单齿磁场梯度差为 1.054 T；导磁条宽度尺寸为 1 mm 时，如图 8-7（b）所示，其最大磁感应强度值为 1.126 T，其最小磁感应强度值为 0.09 T，其单齿磁场梯度差为 1.036 T；导磁条宽度尺寸为 1.5 mm 时，如图 8-7（c）所示，其最大磁感应强度值为 1.07 T，其最小磁感应强度值为 0.09 T，其单齿磁场梯度差为 0.98 T；导磁条宽度尺寸为 2 mm 时，如图 8-7（d）所示，其最大磁感应强度值为 1.04 T，其最小磁感应强度值为 0.09 T，其单齿磁场梯度差为 0.95 T。当磁性密封胶的饱和磁化强度不变时，磁场梯度差越大，该密封装置的耐压能力值就越大。从各个导磁条宽度尺寸的磁场梯度差值来看，当导磁条宽度尺寸从 0.5 mm 增加到 2 mm 时，磁场梯度差值在逐渐减小，这是由于间隙高度保持不变，但间隙的宽度增加了，磁回路磁阻减小，使得磁通总量逐渐较小。另外，磁性密封胶的导磁率高于空气的导磁率，这也增强了密封间隙内的磁通量分布。

图 8-8 为分瓣式结构磁性密封胶装置中导磁条宽度尺寸变化时磁通密度云图。图 8-8（a）（b）（c）（d）分别为导磁条宽度尺寸 0.5 mm、1 mm、1.5 mm、2 mm 时磁通密封云图，从图中不难发现：磁通密度主要集中在分瓣式密封装置的密封间隙处，当导磁条宽度尺寸为 0.5 mm 时，密封间隙内的磁力线非常密集，相应的磁通密度也较大，随着导磁条宽度尺寸的增大，从图中显现出来的是密封间隙内磁通密度稍渐稀散，这是由于导磁条宽度尺寸增大了，使得永久磁铁在密封间隙内的工作点降低了，根据基尔霍夫第一定律和磁路欧姆定律，说明磁回路磁阻越来越大，密封间隙内的磁通总量迅速减小，磁通密度也就越来越小，导致磁性能降低。当导磁条宽度尺寸增加到 2 mm 时，瓶颈点位置的磁通量明显降低，磁通分布向中间靠拢，而这不符合结构设计思想，磁场力的分布难以使磁性密封胶完全填充到整个密封间隙。

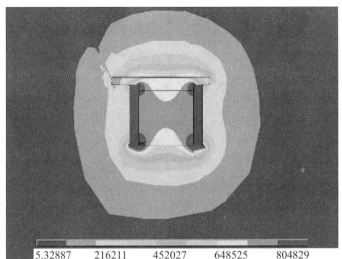

5.32887   216211   452027   648525   804829
    108108   520314   543520   756726   972952

（a）导磁条宽度尺寸为0.5 mm时磁通密度云图

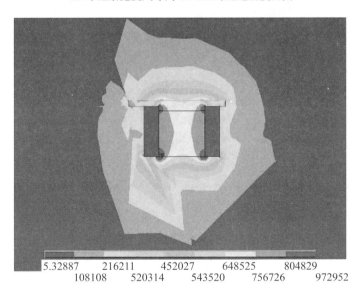

5.32887   216211   452027   648525   804829
    108108   520314   543520   756726   972952

（b）导磁条宽度尺寸为1 mm时磁通密度云图

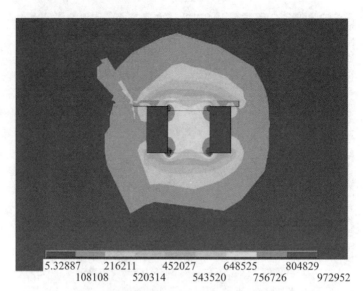

5.32887　　216211　　452027　　648525　　804829
　　108108　　520314　　543520　　756726　　972952

（c）导磁条宽度尺寸为1.5 mm时磁通密度云图

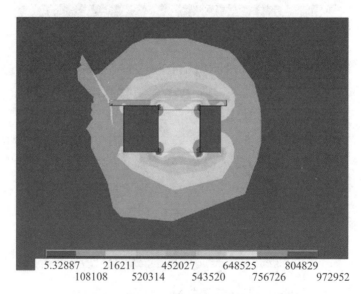

5.32887　　216211　　452027　　648525　　804829
　　108108　　520314　　543520　　756726　　972952

（d）导磁条宽度尺寸为2 mm时磁通密度云图

图 8-8 导磁条宽度尺寸不同时密封间隙处磁通密度云图

图 8-9 为分瓣式结构磁性密封胶装置密封间隙处导磁条宽度尺寸变化时磁通密度密度矢量图，磁通密度矢量图显示了磁场的方向。从图 8-9 可以看出：

随着导磁条宽度尺寸的增大，磁场方向越来越发散，这说明导磁条宽度尺寸对分瓣式结构磁性密封胶平面密封的磁性能有影响，且随着导磁条宽度的增大，漏磁现象越来越明显，永磁体工作点越来越低，密封间隙内磁场变弱。

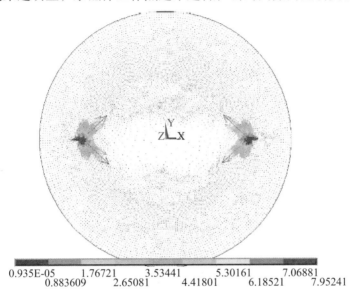

0.935E-05　　1.76721　　3.53441　　5.30161　　7.06881
　　0.883609　　2.65081　　4.41801　　6.18521　　7.95241

（a）导磁条宽度尺寸为0.5 mm时磁通密度矢量图

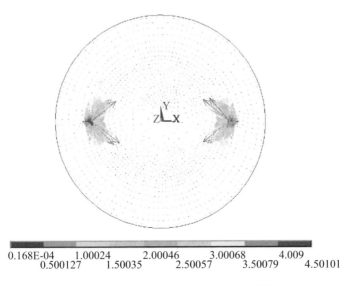

0.168E-04　　1.00024　　2.00046　　3.00068　　4.009
　　0.500127　　1.50035　　2.50057　　3.50079　　4.50101

（b）导磁条宽度尺寸为1 mm时磁通密度矢量图

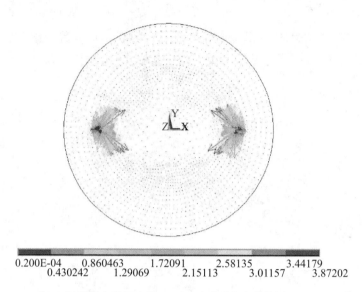

（c）导磁条宽度尺寸为1.5 mm时磁通密度矢量图

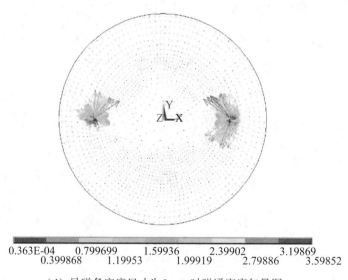

（d）导磁条宽度尺寸为2 mm时磁通密度矢量图

图 8-9 导磁条宽度尺寸不同时磁通密度矢量图

从图 8-9（a）（b）（c）（d）磁通密度矢量图的颜色分布分析分瓣式结构磁

性密封胶密封间隙内的磁通密度：箭头方向代表着磁场方向，箭头颜色代表磁通密度值，图 8-9 中显示随着导磁条宽度尺寸的增加，其箭头颜色黄色区域增大，这说明该处的磁通密度值越来越小，当导磁条宽度尺寸为 0.5 mm 时磁通密度最大，磁场强度最强，当导磁条宽度尺寸为 2 mm 时磁通密度最小，磁场强度最弱。该种现象的主要原因是漏磁导致的，而且随着分瓣式密封装置导磁条宽度尺寸的增加，漏磁现象越来越严重，减小漏磁是提高分瓣式结构磁性密封胶密封的关键因素。

综合以上分析，当保持永磁体宽度为 3 mm、间隙尺寸为 0.2 mm 时，随着导磁条宽度尺寸从 0.5 mm 增加到 2 mm 时，磁场强度越来越弱，合理设计分瓣式结构导磁条宽度对提高密封性能至关重要。

8.2.2 永磁体宽度尺寸不同磁场有限元分析

永磁体宽度尺寸决定分瓣式壳体间隙内的磁场强度，磁场强度对磁场梯度差起到关键作用，而磁场梯度差决定分瓣式结构磁性密封胶密封的耐压能力，所以讨论永磁体宽度尺寸的变化对分瓣式结构磁性密封胶密封耐压性能的影响是非常有意义的。

本节本着分瓣式壳体间隙尺寸值保持 0.2 mm 不变，分瓣式密封装置导磁条宽度尺寸保持 1.5 mm 不变的情况下，调整永磁体宽度尺寸分别为 2 mm、3 mm、4 mm、5 mm 时模拟计算密封间隙内磁场强度曲线分布，磁感应强度曲线分布，磁通密度分布云，磁通密度矢量等，分析永磁体宽度尺寸变化对分瓣式结构磁性密封胶密封磁场强度的影响。

图 8-10 为分瓣式密封装置永磁体宽度尺寸变化时模拟密封间隙处磁场强度 H 分布图。从图 8-10 可以看出：当永磁体宽度尺寸为 2 mm 增加到 5 mm 时，磁场强度分布图呈现规则曲线，磁场梯度差逐渐减小，磁场强度差也逐渐减小，峰值形状逐渐向两边扩沿，呈现越来越不规则化，分瓣式结构磁性密封胶的耐压能力逐渐减弱，这是因为当增大永磁体宽度尺寸值时，穿过分瓣式结合处密封间隙的面积增大，使得穿过间隙的磁场越来越弱，导致分瓣式结构磁性密封胶密封装置的磁场梯度差降低，分瓣式密封装置的磁场强度也越来越弱。

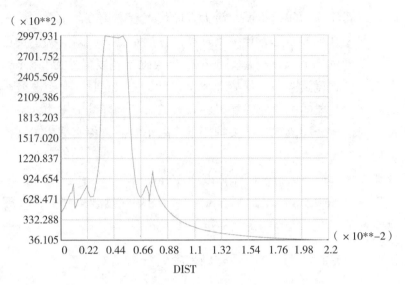

（a）永磁体宽度尺寸为2 mm时密封间隙处
磁场强度*H*分布图

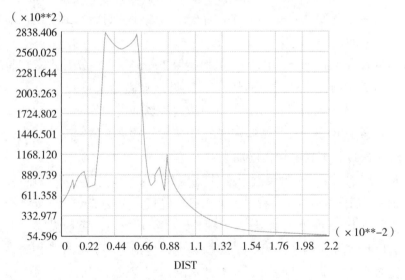

（b）永磁体宽度尺寸为3 mm时密封间隙处
磁场强度*H*分布图

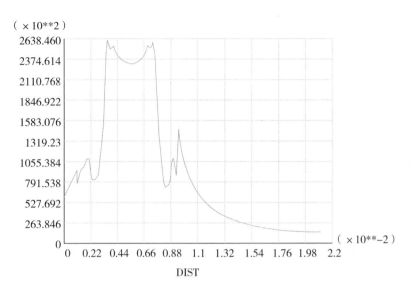

（c）永磁体宽度尺寸为 4 mm 时密封间隙处磁
场强度 H 分布图

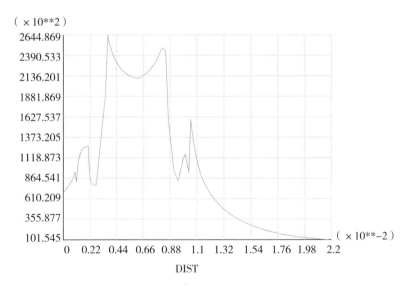

（d）永磁体宽度尺寸为 5 mm 时密封间隙处
磁场强度 H 分布图

图 8-10 永磁体宽度不同时密封间隙处磁场强度 H 分布图

图 8-11 为分瓣式密封装置永磁体宽度尺寸变化时模拟密封间隙处磁感应

强度**B**分布图。从图 8–11 可以看出：磁感应强度分布图可以影射磁场强度图，同样是当永磁体宽度尺寸为 2 mm 增加到 5 mm 时，显示在分布图上为规则的峰值形状，说明d_m尺寸变化对分瓣式密封间隙内的磁感应强度的分布区域影响不大，但楔形顶点处的最大磁感应强度值略有减小，磁场梯度差也逐渐减小，分瓣式结构磁性密封胶的磁场强度减弱。根据欧姆定律可知，磁通量为磁势能与磁阻的比值，当增大永磁体宽度时，相应的磁阻增加，而密封间隙处的磁阻与永久磁铁的磁阻为串联结构，使得整体磁通量减小，即增大永磁体宽度尺寸将减弱分瓣式结构磁性密封胶的磁场强度，这与图 8–10 中磁场强度**H**值的分布曲线显现的是一致的。

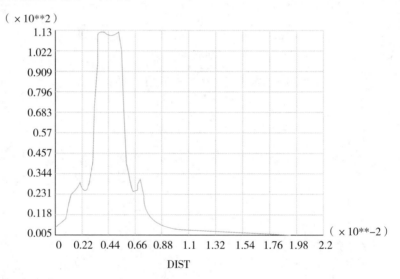

（a）永磁体宽度尺寸为 2 mm 时密封间隙处
磁感应强度 **B** 分布图

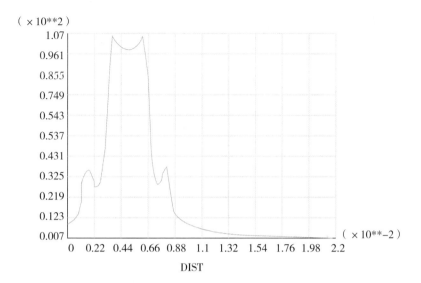

（b）永磁体宽度尺寸为3 mm时密封间隙处
磁感应强度 *B* 分布图

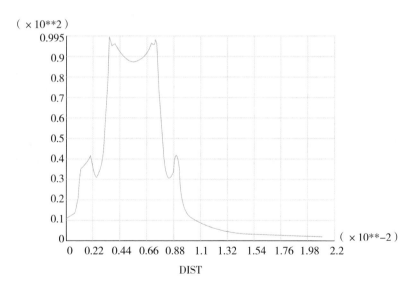

（c）永磁体宽度尺寸为4 mm时密封间隙处
磁感应强度 *B* 分布图

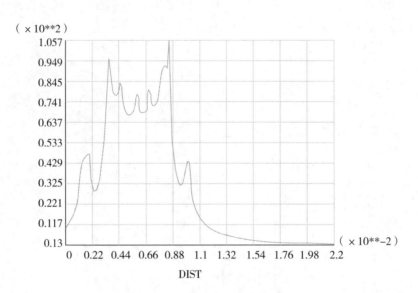

（×10**2）

（×10**-2）

DIST

（d）永磁体宽度尺寸为 5 mm 时密封间隙处
磁感应强度 **B** 分布图

图 8-11 梯度不同时密封间隙处磁场强度 *B* 分布图

从图 8-11 的数值分析：当分瓣式结构磁性密封胶装置密封间隙处永磁体宽度尺寸为 2 mm 时，如图 8-11（a）所示，其最大磁感应强度值为 1.13 T；永磁体宽度尺寸为 3 mm 时，如图 8-11（b）所示，其最大磁感应强度值为 1.126 T；永磁体宽度尺寸为 4 mm 时，如图 8-11（c）所示，其最大磁感应强度值为 0.995 T；永磁体宽度尺寸为 5 mm 时，如图 8-11（d）所示，其最大磁感应强度值为 0.95 T。当永磁体宽度尺寸从 2 mm 增加到 5 mm 时，磁场最大磁感应强度在逐渐减小，因为增加永磁体宽度尺寸值相当于增加了间隙，而大间隙导致漏磁严重，磁回路磁阻增加，使得磁通总量减小。

图 8-12 为分瓣式密封装置永磁体宽度尺寸变化时模拟密封间隙处磁通密度云图。从图 8-12（a）（b）（c）（d）磁通密度云的分布区域分析：随着永磁体宽度尺寸值的增大，图中磁通量越来越发散，范围由集中在密封间隙内向外扩散，分瓣式结构密封间隙处的磁通量颜色趋于黄色，这说明磁通密度值越来越小了，磁场梯度也随着越来越小了，降低了分瓣式磁性液体密封胶磁场强度。

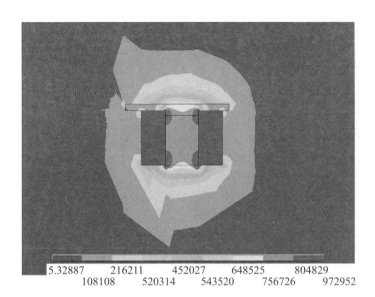

5.32887　　　216211　　　452027　　　648525　　　804829
　　　108108　　　520314　　　543520　　　756726　　　972952

（a）永磁体宽度尺寸为 2 mm 时密封间隙处
磁通密度分布云图

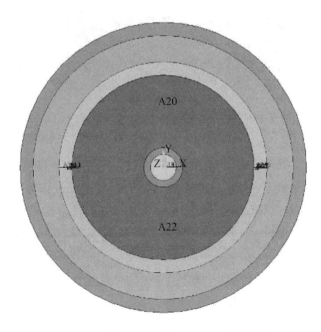

（b）永磁体宽度尺寸为 3 mm 时密封间隙处
磁通密度分布云图

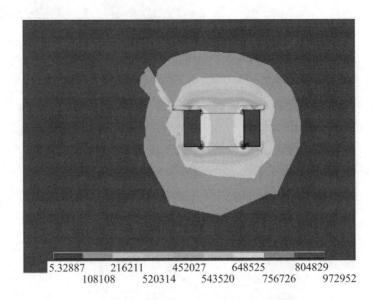

5.32887   216211   452027   648525   804829
    108108   520314   543520   756726   972952

（c）永磁体宽度尺寸为4 mm时密封间隙处
磁通密度分布云图

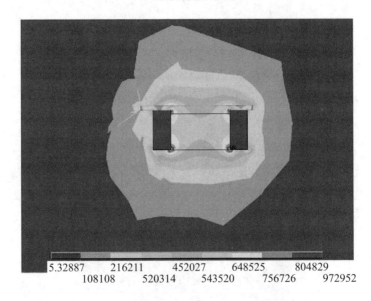

5.32887   216211   452027   648525   804829
    108108   520314   543520   756726   972952

（d）永磁体宽度尺寸为5 mm时密封间隙处
磁通密度分布云图

图8-12 永磁体宽度不同时密封间隙处磁通密度云图

导致分瓣式密封装置间隙处的磁通密度值减弱的主要原因如下。一是由于永磁体宽度尺寸增加，而密封间隙尺寸不变，这就增加了磁场穿过密封间隙的面积，使得磁场工作点变低，磁场梯度差减小，根据式（4-96）可以推断出，磁场梯度差减小，磁通密度也随着相应的减小，分瓣式结构磁性密封胶的磁场强度减弱。二是由于永磁体宽度尺寸的增加，使得漏磁现象更为严重，磁通密度较小，分瓣式结构磁性密封胶的磁场强度也越来越弱。

综合以上分析，当保持导磁条宽度为 1.5 mm、密封间隙为 0.2 mm 时，随着永磁体宽度尺寸从 2 mm 增加到 5 mm 时，磁场强度逐渐降低，合理设计分瓣式结构永磁体宽度尺寸对提高磁场强度至关重要。

8.3　改变磁场方向间隙内磁场有限元分析

为了提高间隙内的磁场强度，特别是两瓣壳体内部交接点处的磁场强度，使得磁性密封胶在磁场力的作用下吸附在间隙内，达到均匀填涂，避免使用密封胶涂抹不均出现泄漏通道造成密封失效情况。前面章节对磁铁水平充磁，因为磁场的目的为提高两瓣壳体内部交接点处的磁场强度，本节保持有限元模型不变，参数以密封间隙尺寸值为 0.2 mm、导磁条宽度尺寸为 1.5 mm、永磁体宽度尺寸为 3 mm 讨论将充磁方向改为垂直方向对密封间隙内磁场有限元分析，与水平充磁方向磁场仿真比较，分析磁场强度的变化。

图 8-13 为充磁方向不同时密封间隙处磁感应强度 B 分布图，从图 8-13 磁感应强度分布的数值分析：当以垂直方向充磁时，即图 8-13（b）所示，最大磁感应强度值为 0.906 T，最低磁感应强度值为 0.004 T，磁场梯度差为 0.902 T；当以水平方向充磁时，即图 8-13（a）所示，最大磁感应强度值为 1.07 T，最低磁感应强度值为 0.02 T，磁场梯度差为 1.05 T，磁场梯度差明显增大了，这说明当以水平方向充磁时能够提高磁感应强度，有利于磁性密封胶的均匀填涂，进而有利于分瓣式装置的密封。

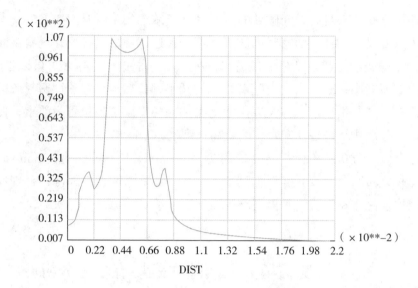

（a）水平充磁方向密封间隙处磁感应强度 **B** 分布图

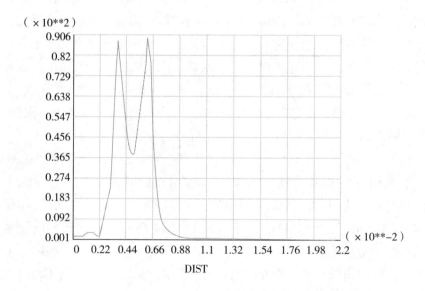

（b）垂直充磁方向密封间隙处磁感应强度 **B** 分布图

图 8-13 充磁方向不同时密封间隙处磁感应强度 B 分布图

图 8-14 为充磁方向不同时密封间隙处磁通密度云图。从图 8-14（b）可

以看出：磁场基本处于中心位置，而分瓣式外壳内部交接处即第一章中讨论的密封瓶颈点处无磁场分布，显然垂直充磁不能满足设计的需求。图8-14（a）可以看出：密封瓶颈点处存在磁场分布，磁性密封胶能够在磁场力的作用下填充该区域，符合设计的需求。

　　综合以上分析，设计磁场充磁方向为水平方向符合设计需求，更有利于分瓣式结构密封。

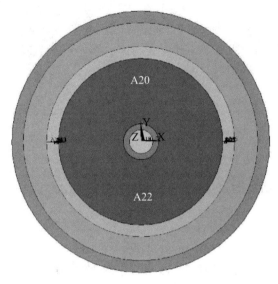

（a）水平充磁方向密封间隙处磁通密度分布云图

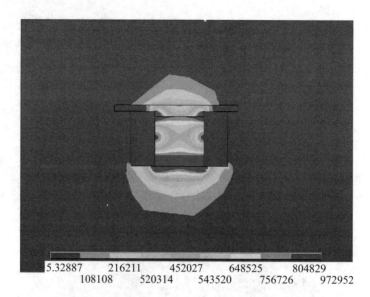

5.32887   216211   452027   648525   804829
     108108   520314   543520   756726   972952

（b）垂直充磁方向密封间隙处磁通密度分布云图

图 8-14 充磁方向不同时密封间隙处磁通密度云图

8.4　分瓣式密封泄漏瓶颈点磁场仿真

前面讨论了在分瓣式壳体结合处径向梯度磁场仿真结果，在楔形顶点处存在较强的磁场强度，能够在装配好分瓣式壳体后再注入磁性密封胶，能够方便在狭小的空间内操作，并且间隙内较强的磁场力能够控制磁性密封胶的填充区域。同时，在第 1.2 节研究的目的与意义里面已经提到分瓣式密封泄漏的瓶颈点，在这一小节将讨论关于泄漏瓶颈点的磁场仿真，考虑内部旋转轴磁性液体密封的磁铁影响，研究该点处的磁感应强度分布及磁感应强度分布。

较之第一节的有限元分析，该仿真模型加入了内部旋转轴磁性液体密封磁铁对泄漏瓶颈点的影响，该处磁铁为圆环形，磁力方向平行轴向，与外壳磁铁磁力方向垂直交叉，外壳磁铁采用 45° 充磁方向，模拟其泄漏瓶颈点处的磁感应强度分布和磁通密度分布如图 8-15 和图 8-16 所示。

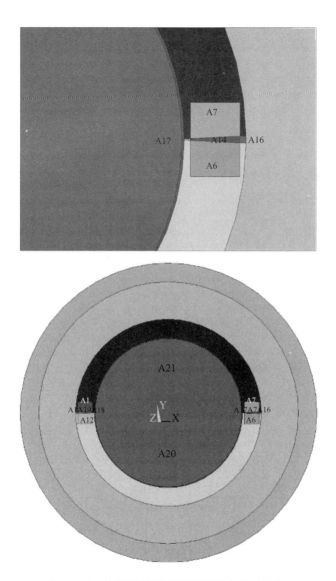

图 8-15　有限元模型及泄漏瓶颈点处放大图

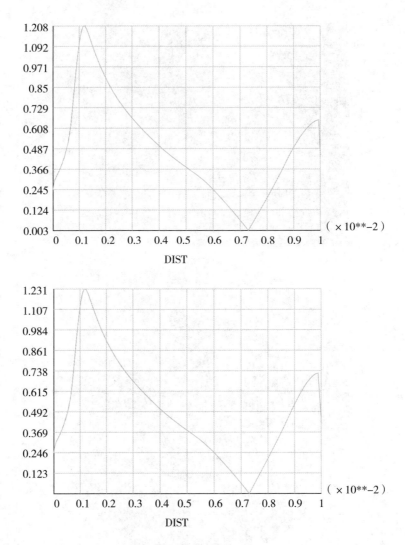

图 8-16 不考虑和考虑内部磁铁磁力作用泄漏瓶颈点处的磁感应强度分布

从图 8-16 可以看出，当考虑内部旋转轴磁性液体密封径向方向磁力的磁铁时，该磁铁对外壳分瓣处的磁感应强度分布不会造成干扰，因为图中的磁感应强度分布曲线的形状没有变化。从磁感应强度曲线的数值分析，根据式（4-96），考虑内部磁铁的作用反而增强了分瓣处的耐压能力。

从图 8-17 可以看出，在泄漏瓶颈点处分布着凸出的磁通量分布，这说明在该点处的磁性密封胶受到双重磁场力的作用，也就是说该点处的磁性密封胶即受到分瓣式外壳磁铁的径向磁场力约束，又受到内部磁铁轴向方向上的磁场力约束，增强了该点处的密封性能，降低了泄漏率。

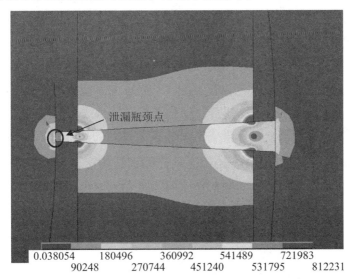

泄漏瓶颈点

| 0.038054 | 180496 | 360992 | 541489 | 721983 |
| 90248 | 270744 | 451240 | 531795 | 812231 |

图 8-17　泄漏瓶颈点处磁通量分布

8.5　本章小结

引起分瓣式密封装置结合面处的密封泄漏问题，主要需解决两点：一是当操作空间特别狭小时，可以先装配上分瓣式密封装置再涂胶，利用磁场力的作用控制磁性密封胶的填充区域；二是分瓣式密封装置存在泄漏瓶颈点，磁性密封胶能够在磁场力的作用下，在泄漏瓶颈点处产生一个微微凸起的分布，能够使磁性密封胶与内部旋转轴密封装置紧密连接。通过对分瓣式结构装置密封结合面处的磁场数值分析，该结构能够有效的解决如上问题。本章从 l_g 尺寸、d_m 尺寸、l_d 尺寸不同时进行模拟计算分瓣式密封装置间隙处磁性密封胶的磁场强度分布图、磁感应强度分布图、磁通密度云图、磁通密度矢量图探讨对分瓣式结构磁性密封胶密封性能的影响，结果表明：随着 l_g 尺寸的增大，漏磁现象越来越明显，永磁体工作点越来越低，密封间隙内磁场变弱；随着 l_d 尺寸的增大，漏磁现象越来越严重，磁场梯度差越来越小，楔形顶点处磁场强度越来越弱；随着 d_m 尺寸的增大，磁场密度越来越小，磁场强度也越来越弱。改变磁铁充磁方向，由原来垂直方向改变为与水平 45° 方向，楔形间隙内的磁场强度明显增强了，这说明 45° 充磁方向有利于将磁性密封胶自动填充到密封区域。模拟计算密封泄漏瓶颈点处的磁感应强度分布及磁通量分布，并且考虑内部旋转轴密封的磁铁对外部磁性密封胶是否有干扰，结果证明不仅没有干扰，还会有较小的提高作用，理论研究采用磁性密封胶对于提高分瓣式结构密封性能的原理。

综合模拟计算结果：对分瓣式密封装置交接处的 l_g 尺寸采用 0.2 mm，d_m 尺寸采用 1 mm，l_d 尺寸采用 10 mm，这对分瓣式结构磁性密封胶密封装置的设计以及不同分瓣式密封装置的密封性能的评价和界面失效临界应力的预估提供参考。

9 分瓣式结构磁性密封胶密封实验研究

为了验证分瓣式结构磁性密封胶密封耐压能力，比较磁性密封胶理论密封耐压能力与实验密封耐压能力的差异以及与普通密封胶耐压能力的比较，本书加工出分瓣式密封结构，把交接平面处处理为楔形结构，形成磁场梯度，制备不同参数比的磁性密封胶，调节磁性密封胶的饱和磁化强度，使其达到胶黏性和磁力耐压强度的最佳结合点，让磁性密封胶自动填充分瓣式结构楔形间隙，并对两种饱和磁化强度不同的磁性密封胶的耐压密封能力进行比较、分析、讨论。

9.1 分瓣式密封结构设计

要设计分瓣式密封结构，既要密封间隙，又要密封前后两个端面，所以设计分瓣式密封结构包括壳体上、壳体下、盲孔端盖、通孔端盖四部分。

9.1.1 上、下两瓣壳体设计

因为分瓣式外壳内部要加入磁性液体旋转轴装置，而磁性液体密封胶在轴间隙处的磁场要求外壳不导磁，所以上下两瓣壳体选用不锈钢材料，壳体厚度设计为 10 mm，外侧直径为 50 mm，内侧直径为 40 mm，在上下两半壳体结合处加工成楔形结构，在壳体结合面中部开一个 8 mm×6 mm×100 mm 的方形槽，用于放置条形永久磁铁，并且将条形磁铁也加工成与结合面对称的楔形形状。结合第 5 章模拟结果与实际加工情况，加工楔形结合面粗糙度为 3.2 μm，根据第 8 章模拟探讨，采用最有利于提高分瓣式结构磁性密封胶密封装置交接处磁场强度的参数尺寸，使其楔形为 1 mm，具体参数如表 9-1 所示。根据第 6

章和第 7 章模拟探讨，缩小楔形缝隙最大值尺寸，缩小长度尺寸，缩小分瓣式密封装置楔形缝隙最小值尺寸，能够增强永久磁铁在密封间隙内的工作点，减小磁矩，增大磁通密度，在密封间隙处更好的形成磁场梯度，优化设计分瓣式密封装置交接处各个参数尺寸，对获得理想的磁性密封胶密封耐压能力具有重要的意义。

表 9-1　上、下两瓣壳体设计主要参数表

参数	值
上壳体外径	50 mm
上壳体内径	40 mm
上壳体厚度	10 mm
上壳体凹槽高度	6 mm
上壳体凹槽宽度	8 mm
下壳体外径	50 mm
下壳体内径	40 mm
下壳体厚度	10 mm
下壳体凹槽宽度	8 mm
上壳体凹槽高度	6 mm

平面密封结合处为楔形形状，开口处于径向外侧，根据等效磁路理论，能够在分瓣式密封装置间隙处形成磁场梯度，即楔形缝隙顶点处的磁场强度最强，分瓣式结构装配好后，磁性密封胶在磁场力的作用下自动填满整个空隙。具体设计如图 9-1 和图 9-2 所示。

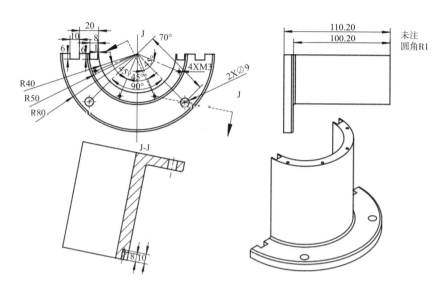

图 9-1　上半壳体结构设计图

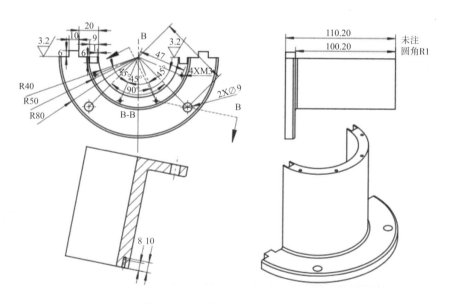

图 9-2　下半壳体结构设计图

因为要将密封装置放到密封试验台上进行密封耐压实验操作，所以在上、下两瓣壳体外侧设计外展罗盘，各设计 2 个螺孔，使其能够固定在密封操作实验台上。

9.1.2 盲孔端盖设计

盲孔端盖的作用是为了密封上、下两瓣壳体的外侧端面处，设计有 8 个螺孔，外径设计与上下壳体外径尺寸一致，为 50 mm，内部中心处以 40 mm 为内径，凸出尺寸为 10 mm，在凸起处设计密封圈槽，与上下壳体接触，达到径向密封作用，如图 9-3 所示。

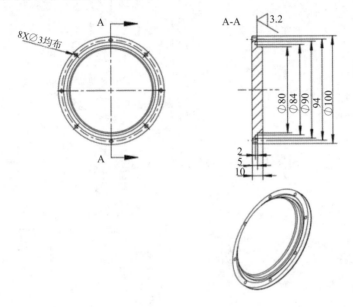

图 9-3 盲孔端盖结构设计图

9.1.3 通孔端盖设计

通孔端盖起到上下两瓣壳体与密封台充气腔的连接作用，其外径为 100 mm，四个螺孔通孔与上下两瓣壳体的通孔和密封试验台的螺孔对应，内部中心处向外凸起内径为 30 mm，外径为 40 mm 的环柱，由通孔处充压，环柱外侧设计密封圈槽，与上下两瓣壳体内部接触，达到径向密封作用，如图 9-4 所示。

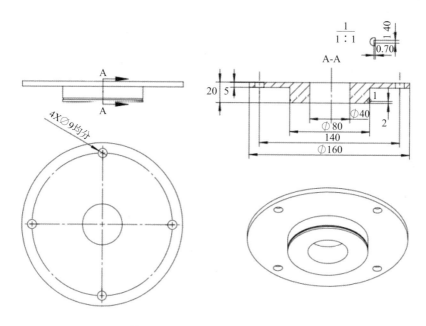

图 9-4　通孔端盖结构设计图

9.1.4　装配体结构

将上、下两瓣壳体、通孔端盖及两块永久磁铁装配在一起形成装配体结构图，如图 9-5 所示，实体图如图 9-6 所示，通过永久磁铁的磁场力作用，将磁性密封胶吸入分瓣式密封装置间隙内，使磁性密封胶更均匀的分布在分瓣式密封装置的间隙处，不容易出现泄漏通道，更好的达到密封效果。

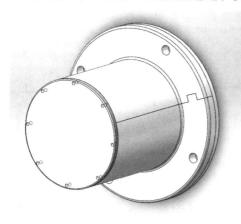

图 9-5　装配体结构图

图 9-6　装配体实体图

在磁场的作用下，分瓣式密封装置连接处采用楔形结构，形成了磁场梯度，磁性密封胶不仅发挥胶黏性作用，而且受到磁场力的约束作用，增大了分瓣式结构磁性密封胶的耐压能力。

9.2 实验过程与方法

由于该密封装置主要针对外部分瓣处间隙的密封及耐压能力，没有对内部比较成熟的磁性液体轴旋转密封进行实验研究，所以该实验台没有连接电机以及联轴器等装置。实验台由氮气瓶、底座、压力表、分瓣式密封装置组成。首先设计了分瓣式结构磁性密封胶密封装置的耐压实验的示意图，如图 9-7 所示，根据示意图的设计，搭建实验台，如图 9-8 所示。

实验前，将磁性密封胶填入到注射器中，沿着径向边缘注入，通过磁场力的作用充满整个空隙，将分瓣式密封装置放置 48 h，使得磁性密封胶完全固化后，将分瓣式密封装置用螺母安装在密封腔上，安装好后，往密封腔内充入氮气，直到达到 0.2 atm，用氦质谱检漏仪检测分瓣式密封装置分瓣处是否泄漏。

每次充压间隔 0.5 h，而后每次充压 0.01 MPa，观察压力表是否有下降情况，同时用氦质谱检漏仪检测泄漏情况，同时听分瓣式装置周围是否有漏气声，并且记录此时的压力表压力值，直至氦质谱检漏仪检测到泄漏时，此时的压力表显示值即为分瓣式结构磁性密封胶密封装置的最大密封耐压能力。每次实验后，拆卸分瓣式密封装置，清洗干净分瓣处的磁性密封胶残留，然后继续做下一组实验。

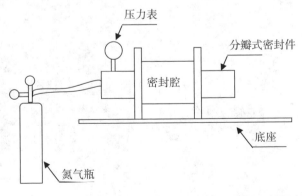

图 9-7 分瓣式结构磁性密封胶密封实验台示意图

图 9-8 分瓣式结构磁性密封胶密封实验台实验图

9.3 结果分析与讨论

采用磁性密封胶密封分瓣式结构的优势就是分瓣式外壳装配好的情况下，通过磁场力的作用自动填充磁性密封胶到密封区域，克服了在狭小操作空间下普通密封胶必须打开分瓣式外壳涂胶的不便和可能由于涂抹不均造成泄漏通道导致密封失效等情况，提高了分瓣式密封结构的密封可靠性。接下来将分别以楔形缝隙最小尺寸不同，即 l_g 尺寸不同、楔形缝隙最大尺寸不同，即 d_m 尺寸不同、长度尺寸不同，即 l_d 尺寸不同，结合模拟和实验结果讨论磁性密封胶与普通密封胶的可靠性及极限耐压研究。

9.3.1 l_g 尺寸不同分瓣式结构密封可靠性研究

l_g 尺寸是指楔形密封间隙的最小值，l_g 尺寸略大就会增大漏磁现象，使得磁场力作用减弱，密封间隙内的磁通量减少，甚至导致磁性密封胶不被充满等情况，同时也会导致普通胶耐压能力降低，所以研究密封间隙尺寸对磁性密封胶密封性能的影响具有非常重要的意义。本书分别对 l_g 尺寸为 0.2 mm、0.4 mm、0.8 mm、1.2 mm 进行了模拟计算和实验，由于磁性密封胶既具有胶黏性，又具有磁性，受到磁场力的作用，而密封间隙处的耐压能力为胶黏性和磁场力同时作用的结果，根据式（3-110）$\Delta p = \Delta p_a + \Delta p_m = \sqrt{\dfrac{G}{2Ett_3}} + M_s \sum_{i=1}^{N}\left(\boldsymbol{B}_{\max}^i - \boldsymbol{B}_{\min}^i\right)$
以及第5章的密封间隙处模拟图分析胶粘耐压强度和磁场力耐压强度的比较图，研究两种磁性密封胶与普通密封胶的理论耐压能力对比、每一种磁性密封胶理论磁性和黏性耐压对比、两种磁性密封胶与普通密封胶耐压可靠性分析。参数如表9-2所示。

表9-2　计算胶粘耐压强度以及磁场力耐压强度参数表

参数	值	单位
磁性密封胶剪切模量（G）	23、20	MPa
半壳体的杨式模量（E）	200	GPa
普通密封胶剪切模量（G）	30	MPa
楔形间隙最小值（l_g）	0.2、0.4、0.8、1.2	mm
样品饱和磁化强度（M_s）	249、407	Gs
半壳体垂直厚度（t）	50	mm
凹槽高度（l_h）	6	mm
楔形间隙最大值（d_m）	1、2、3、4	mm
壳体厚度（l_d）	5、10、20、40	mm

图9-9为分瓣式结构磁性密封胶装置密封间隙不同时理论计算磁性密封胶（样品1）的磁性耐压能力和黏性耐压能力比较图。从图9-9可以看出：随着l_g尺寸的增大，黏性耐压能力和磁性耐压能力都在相对比例的减小，但整体黏性耐压能力远远高于磁性耐压能力，当l_g尺寸减小到1.2 mm时，磁性密封胶的磁性耐压能力已经基本接近于0，而它的黏性耐压能力还能保持在12 atm，说明间隙越小越有助于分瓣式密封，并且磁性密封胶的胶黏性对于密封起到主导作用。关于磁性密封胶（样品1）磁性耐压曲线分布第5章已经讨论，是由于l_g尺寸增大，导致永久磁铁工作点降低，磁回路磁阻增加，漏磁更为严重，所以磁性耐压能力降低；关于磁性密封胶（样品1）黏性耐压能力降低是因为随着

l_g尺寸增大，其理论密封间隙随着增大，而该磁性密封胶的剪切模量不变，两瓣壳体的弹性模量以及厚度不变，导致该磁性密封胶的黏性耐压能力降低。

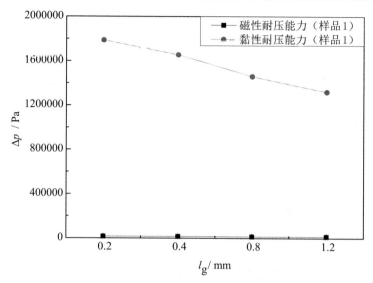

图 9-9　l_g尺寸不同磁性密封胶（样品1）理论磁性耐压能力和黏性耐压能力比较图

图 9-10 为分瓣式结构磁性密封胶装置l_g尺寸不同时理论计算磁性密封胶（样品 2）的磁性耐压能力和黏性耐压能力比较图。图 9-10 中磁性密封胶（样品 2）的磁性耐压能力曲线和黏性耐压能力曲线的呈现趋势类似于磁性密封胶（样品 1），区别在于磁性密封胶（样品 2）的饱和磁化强度增大了，剪切模量减小了，整体理论耐压能力值降低了，但增大了磁场强度将有利于磁性密封胶在密封间隙内的均匀分布。下面分别讨论两种不同磁性配比的磁性密封胶的磁性耐压能力与黏性耐压能力的对比，如图 9-11 和图 9-12 所示。

图 9-11 和图 9-12 分别呈现了两种磁性密封胶理论磁性耐压能力和黏性耐压能力的比较。样品 2 比样品 1 增大了磁性配比，相应的磁饱和强度由样品 1 的 249 Gs 增加到了 407 Gs，根据式（3-96）可知，增加磁性密封胶的饱和磁化强度能够增强其磁性耐压能力。由于磁性密封胶的特性，增加饱和磁化强度相应的导致其磁性密封胶的剪切模量由原来的 23 MP 降低到了 20 MP，根据式（3-95）可知，降低磁性密封胶的剪切模量使得其黏性耐压能力下降。结合磁性密封胶的特性，找到其磁性耐压能力和黏性耐压能力的最佳结合点，使其既

能够保证磁性密封胶的自动填充，又能保证耐压能力不会大幅下降。

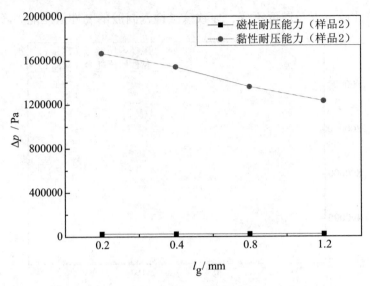

图 9-10　l_g 尺寸不同磁性密封胶（样品 2）理论磁性耐压能力和黏性耐压能力比较图

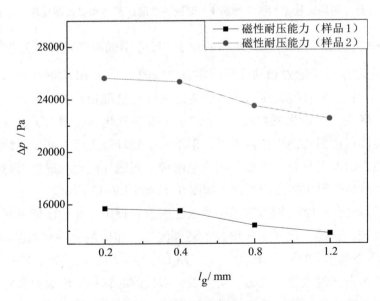

图 9-11　l_g 尺寸不同两种磁性密封胶理论磁性耐压能力比较图

从图 9-11 中能够发现：随着 l_g 尺寸的增加，其理论磁性耐压能力降低，这与前面的讨论结果一致，仅分析 l_g 尺寸为 0.2 mm 时两种磁性密封胶的理论磁性耐压能力，磁性密封胶（样品2）的磁性耐压值比磁性密封胶（样品1）增加了，结合图9-12中两种磁性密封胶的黏性耐压值分析，该密封间隙处，磁性密封胶（样品2）的黏性耐压值比磁性密封胶（样品1）降低了约1 atm，综合分析可知，磁性密封胶（样品2）增加了磁性密封胶自动填充的可靠性，而且保证黏性耐压能力值小幅下降，能够满足分瓣式密封结构的要求。关于两种磁性密封胶与普通密封胶的理论耐压能力比较如图9-13所示。

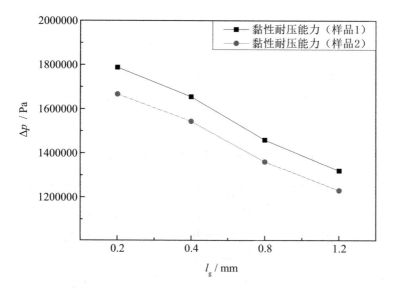

图 9-12　l_g尺寸不同两种磁性密封胶理论黏性耐压能力比较图

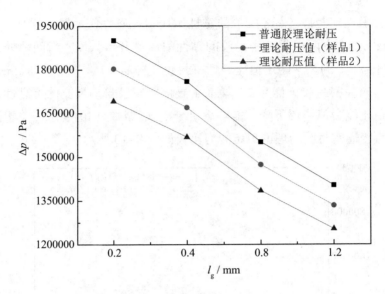

图 9-13　l_g尺寸不同两种磁性密封胶与普通密封胶理论耐压能力比较图

　　图 9-13 列出了两种磁性密封胶与普通密封胶的理论耐压值，也印证了上面的讨论，根据式（3-110）可知，两种磁性密封胶的理论耐压值即为该磁性密封胶的磁性耐压能力值与黏性耐压能力值之和，由于磁性耐压能力在总体耐压能力值中所占的比例非常小，甚至可以忽略不计，所以显现在图中的曲线由黏性耐压能力主导，普通密封胶的耐压能力值最高，磁性密封胶样品 1 的理论耐压值大于磁性密封胶样品 2。

　　图 9-14 为两种磁性密封胶与普通密封胶实验耐压值比较图，主要目的是分析两种磁性密封胶和普通密封胶的可靠性，保持l_g参数为 0.2 mm 不变的情况下，分别作了 10 组实验，因为达到 6 atm 就满足分瓣式密封结构要求，所以实验中加压控制在 6 atm 以内，并且每次充压间隔半小时，达到 6 atm 后间隔 2 h 以上，检查分瓣式装置压力表是否有下降，实验结果如图 9-14 所示。

　　从图 9-13 中还可以看出：两种磁性密封胶的理论耐压值略小于普通密封胶，这是由于固化后的剪切模量降低导致的，但整体相差不大也证明了磁性密封胶除了可以应用磁性控制填充，还能保证其耐压的可靠性。

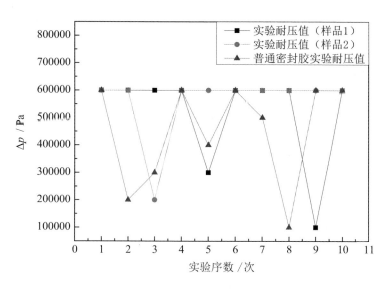

图 9-14　两种磁性密封胶与普通密封胶实验耐压值比较图

从图 9-14 中不难发现：磁性密封胶样品 1 有两次没达到要求，磁性密封胶样品 2 有一次没达到要求，普通密封胶有五次没达到要求，这说明采用磁性密封胶密封分瓣式结构提高了密封的可靠性。根据前面的分析，磁性密封胶的极限耐压值比普通密封胶降低了，但降低的幅度不大，也就是说磁性密封胶比普通密封胶增加了磁性，但并没有破坏其黏性耐压能力，相反，根据其磁性导引填充，能够大大降低密封间隙结合面接触产生泄漏通道的概率，提高了分瓣式密封的可靠性。

本节小结：l_g 尺寸对分瓣式密封装置的影响很重要，调整 l_g 尺寸是影响分瓣式密封装置耐压能力的关键因素之一。磁性密封胶相比普通密封胶的耐压能力下降幅度不大，说明磁性密封胶并没有因为增加磁性而破坏其黏性耐压性能，根据实验研究结果显示磁性密封胶比普通密封胶的密封可靠性提高了。

9.3.2　l_d 尺寸不同分瓣式结构密封可靠性研究

l_d 尺寸是指分瓣式密封装置上下两瓣壳体交接处壳体厚度，关于分瓣式密封装置的密封耐压性能除了密封间隙的影响还受到 l_d 尺寸的影响，本书从 l_d 尺寸为 5 mm、10 mm、20 mm、40 mm 不同对分瓣式密封装置进行了模拟计算和实验，模拟计算的参数如表 9-2 所示，计算结果分析如下。

图 9-15 列出了磁性密封胶（样品 1）随着 l_d 尺寸变化的理论磁性耐压能力值和黏性耐压能力值。从图 9-15 可以看出：当改变分瓣式结构磁性密封胶密封装置交接处的 l_d 尺寸时，该分瓣式密封装置的耐压性能也同时受到磁性密封胶磁性和黏性的作用，样品 1 的磁性耐压能力相对于黏性耐压能力非常低，即在密封耐压过程中，黏性耐压能力其完全主导作用。

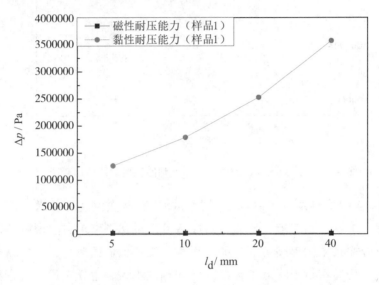

图 9-15　l_d 尺寸不同磁性密封胶（样品 1）理论磁性耐压能力和黏性耐压能力比较图

从图 9-15 中样品 1 的黏性耐压能力曲线可以看出：当 l_d 尺寸从 5 mm 增加到 40 mm 时，黏性耐压能力大幅度的增加，这是因为随着分瓣式密封装置交接处 l_d 尺寸的增加，磁性密封胶填涂的面积增加，相对密封间隙减小，即针对黏性耐压相当于增加了交接尺寸所导致的。

图 9-16 列出了磁性密封胶（样品 2）随着 l_d 尺寸变化理论磁性耐压能力值和黏性耐压能力值。从图 9-16 可以看出：样品 2 随着 l_d 尺寸不同的理论磁性耐压能力和黏性耐压能力的曲线变化类似于样品 1 的曲线变化，其不同在于，由于样品 2 的饱和磁化强度增强了，体现出来的是样品 2 的磁性耐压能力曲线的值较样品 1 增大了，这是因为分瓣式密封装置结构相同时，在密封间隙处产生的磁场梯度也相同，根据式（3-96）可知，磁性密封胶磁饱和强度值增大，其磁性耐压能力值也相应的增大。由于样品 2 的剪切模量降低了，体现出来的是

样品 2 的黏性耐压能力曲线较样品 1 下降了，这是因为分瓣式密封装置结构相同时，其理论密封间隙也相同，根据式（3-96）可知，磁性密封胶的剪切模量降低，其黏性耐压能力也相应的降低。

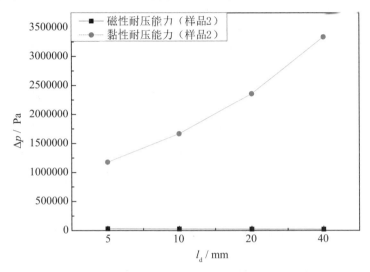

图 9-16　l_d 尺寸不同磁性密封胶（样品 2）理论磁性耐压能力和黏性耐压能力比较图

图 9-17 列出了两种磁性密封胶 l_d 尺寸不同时的磁性耐压能力值。从图 9-17 可以看出：当 l_d 尺寸不同时，样品 2 的理论磁性耐压能力值整体高于样品 1 的理论磁性耐压能力值，这是由于样品 2 的饱和磁化强度值高于样品 1 的饱和磁化强度值导致的，提高磁性密封胶的饱和磁化强度有利于楔形密封间隙区域的填充，在不破坏黏性耐压能力的同时，能够提高分瓣式密封结构的可靠性。

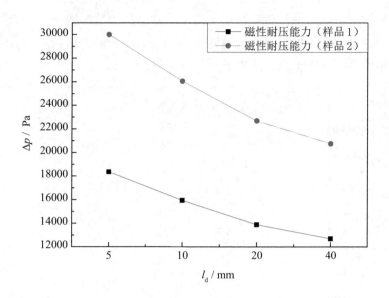

图 9-17 l_d尺寸不同两种磁性密封胶理论磁性耐压能力比较图

　　图 9-18 列出了两种磁性密封胶宽度尺寸不同时理论黏性耐压能力值，从图 9-18 可以看出：当l_d尺寸不同时样品 2 的理论黏性耐压能力值整体低于样品 1 的理论黏性耐压能力值，且等比例降低，这是由于样品 2 的剪切模量值低于样品 1 的剪切模量值导致的，两种磁性密封胶的黏性耐压能力值相差很小，说明增加增加了饱和磁化强度的样品 2 没有破坏其本身的黏性耐压能力，能够提高分瓣式密封结构的密封可靠性。

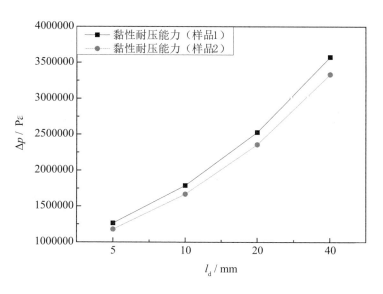

图 9-18 l_d尺寸不同两种磁性密封胶理论黏性耐压能力比较图

图 9-19 列出了两种磁性密封胶与普通密封胶l_d尺寸不同时理论耐压值，两种磁性密封胶的耐压能力的理论值为该密封胶的磁性耐压能力值与该密封胶的黏性耐压能力之和得到的。根据前面讨论，磁性耐压能力远远小于磁性耐压能力，即磁性密封胶的磁性主要应用于在磁场力作用下自动、均匀地填充到楔形间隙区域，显现在图中的曲线由黏性耐压能力主导，普通密封胶的耐压能力值最高，磁性密封胶样品 1 的理论耐压值大于磁性密封胶样品 2。

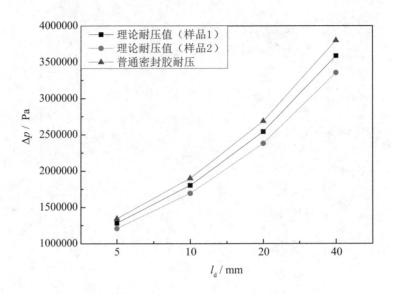

图 9-19 l_d 尺寸不同两种磁性密封胶与普通密封胶理论耐压能力比较图

从图 9-19 中还可以看出：两种磁性密封胶的理论耐压值略小于普通密封胶，这是由于磁性密封胶加入磁性后剪切模量降低了，而当分瓣式结构一致时，其密封耐压能力主要取决于胶体的剪切模量。两种磁性密封胶整体耐压理论值与普通密封胶相差不大，这也证明了磁性密封胶除了可以应用磁性控制填充，其黏性耐压性能也没被破坏，能够提高其密封的可靠性。

图 9-20 为两种磁性密封胶与普通密封胶实验耐压值的比较图，主要目的是分析两种磁性密封胶和普通密封胶的可靠性，保持 l_d 参数为 5 mm 不变的情况下，分别用两种磁性密封胶和普通密封胶作了 10 组实验，根据分瓣式密封结构的耐压要求，每次实验充压为 6 atm，实验结果如图 9-20 所示。

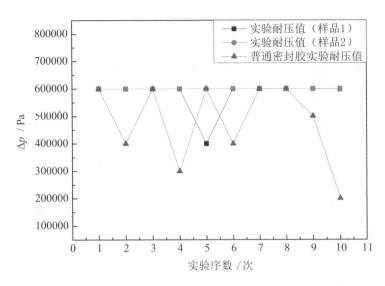

图 9-20   调整 l_d 尺寸时两种磁性密封胶与普通密封胶实验耐压值比较图

从图 9-20 中可以看出：采用磁性密封胶样品 1 有一次没达到要求，当加压到 4 atm 时能听到漏气声，并且气压表急剧下降，采用磁性密封胶样品 2 都能达到要求，这说明密封长度较小的时候，磁性密封胶更容易在磁场力的作用下自动填充，而且饱和磁化强度稍高的样品 2 的可靠性更好一些。普通密封胶有五次没达到要求，这说明密封长度较小时，采用普通密封胶在胶接平面处更容易出现泄漏通道，导致密封失效。结合前面的分析，密封长度较小时，采用磁性密封胶密封分瓣式结构更能体现其高的可靠性。

综合上面的分析能够能出如下结论，选择磁性密封胶（样品 2），设计分瓣式壳体厚度较薄时，有利于提高分瓣式密封装置的密封耐压可靠性。

9.3.3 d_m 尺寸不同分瓣式结构密封可靠性研究

d_m 尺寸即为分瓣式结构楔形间隙的最大值，对于分瓣式密封装置的密封耐压性能上除了受到 l_g 和 l_d 的影响还受到 d_m 的影响，本小节从 d_m 尺寸为 1 mm、2 mm、3 mm、4 mm 变化对分瓣式密封装置进行了模拟计算和实验，模拟计算的参数如表 9-2，模拟计算结果分析如下。

图 9-21 为当保持 l_g 尺寸为 0.2 mm，l_d 尺寸保持为 10 mm 的情况下，d_m 尺寸为 1 mm、2 mm、3 mm、4 mm 几种情况下分析该分瓣式密封装置同时受到

磁性密封胶磁性和黏性的作用的耐压能力变化曲线。

从图 9-21 的样品 1 的磁性耐压能力曲线可以看出：当改变分瓣式结构磁性密封胶密封装置交接处的d_m尺寸时，磁性耐压能力略有减小，即当磁性密封胶磁性较弱时，改变d_m尺寸对磁性耐压能力影响较小，这与改变d_m尺寸对磁场梯度差影响较小一致。

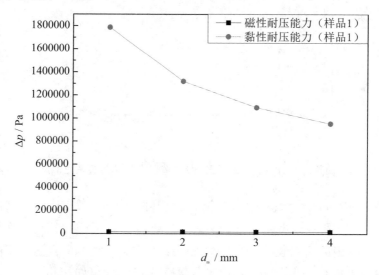

图 9-21 　d_m尺寸不同磁性密封胶（样品 1）理论磁性耐压能力和黏性耐压能力比较图

从图 9-21 的样品 1 的黏性耐压能力曲线可以看出：当d_m尺寸为 1 mm 时具有非常高的黏性耐压值，此时的磁性耐压值也处于最高值，但磁性耐压值相对于黏性耐压值几乎可以忽略，加之较严重的漏磁现象，d_m尺寸为 1 mm 并不是最佳选择。随着d_m尺寸增加变化，黏性耐压值下降明显，这是因为随着分瓣式密封装置交接处d_m尺寸的增加，相对密封间隙增加所导致的。

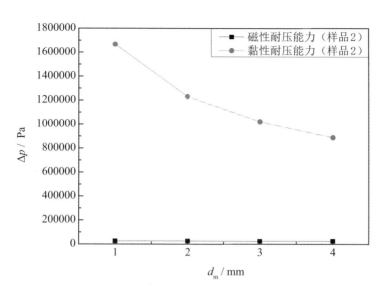

图 9-22　d_m 尺寸不同磁性密封胶（样品 2）理论磁性耐压能力和黏性耐压能力比较图

从图 9-22 可以看出：样品 2 随着 d_m 尺寸的增加，其理论磁性耐压能力和黏性耐压能力的曲线变化类似于样品 1 的曲线变化。不同之处是样品 2 的磁性耐压能力整体增强了，这是因为样品 2 的饱和磁化强度增强了。相应的由于样品 2 的剪切模量降低了，体现出来的是样品 2 的整体黏性耐压能力低于样品 1 的黏性耐压能力值，直到 d_m 尺寸为 4 mm 时，黏性耐压能力值理论上还能保持 8 个以上大气压，这也能够满足分瓣式密封装置的耐压要求，根据第 5 章讨论，增大 d_m 尺寸，对楔形顶点处的磁场强度影响很小，即在满足密封耐压要求的情况下，适量的增加 d_m 尺寸将有利于磁性密封胶的自动填充，也能提高磁性密封胶密封分瓣式结构的可靠性。

结合图 9-21 和图 9-22 可以看出：当 d_m 尺寸不同时样品 2 的理论黏性耐压能力值整体低于样品 1 的理论黏性耐压能力值，这是由于分瓣式密封装置交接处密封间隙 d_m 尺寸增加时，而 l_g 和 l_d 不变，即相当于增加了磁性密封胶黏性耐压理论计算中的理论间隙，同时样品 2 的剪切模量低于样品 1 的剪切模量，这就导致了样品 2 的黏性耐压值整体低于样品 1 的黏性耐压值。关于两种磁性密封胶磁性耐压能力的讨论可依据式（3-96），当样品 2 的饱和磁化强度增加时，而磁场梯度差一致的情况下，样品 2 的磁性耐压能力值明显高于样品 1 的磁性耐压能力值。

　　两种磁性密封胶的耐压能力的理论值为该密封胶的磁性耐压能力值与该密封胶的黏性耐压能力之和得到的。从图 9-23 能够看出：样品 2 的理论耐压值整体低于样品 1 的理论耐压值，样品 1 的理论耐压值整体低于普通密封胶的理论耐压值。三种胶体的理论耐压值都随着 d_m 尺寸的增加而呈现下降趋势，原因在磁性密封胶黏性耐压能力部分中已经讨论，三种胶体的理论耐压值相差不大，说明磁性密封胶的磁性性能并没有破坏胶基体的黏性性能。

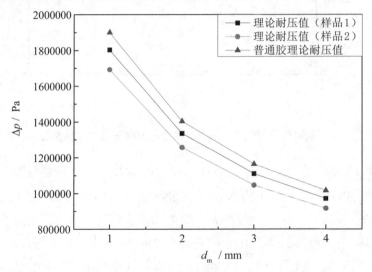

图 9-23　d_m 尺寸不同两种磁性密封胶与普通密封胶理论耐压能力比较图

　　图 9-24 为两种磁性密封胶与普通密封胶实验耐压值的比较图，主要目的是分析两种磁性密封胶和普通密封胶的可靠性，保持 d_m 参数为 4 mm 不变的情况下，分别用两种磁性密封胶和普通密封胶作了 10 组实验，根据分辨式密封结构的耐压要求，每次实验充压为 6 atm，实验结果如图 9-24 所示。

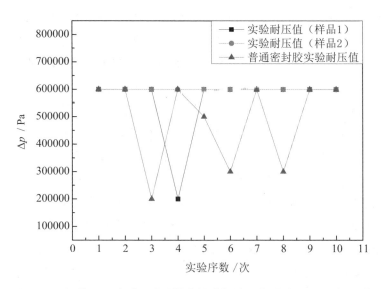

图 9-24 调整d_m尺寸时两种磁性密封胶与普通密封胶实验耐压值比较图

从图 9-24 中可以看出：采用磁性密封胶样品 1 有一次没达到要求，采用磁性密封胶样品 2 都能达到要求，这说明d_m较大的时候，磁性密封胶更容易在磁场力的作用下自动填充，而且饱和磁化强度稍高的样品 2 的可靠性更好一些。普通密封胶有 4 次没达到要求，这说明d_m较大的时，采用普通密封胶在胶接平面处更容易出现泄漏通道，导致密封失效。结合前面的分析，d_m较大时，采用磁性密封胶密封分瓣式结构更能体现其高的可靠性。

综合上面的分析能够能出如下结论，选择磁性密封胶（样品 2），设计分瓣式楔形最大值尺寸为 4 mm，有利于提高分瓣式密封装置的密封耐压可靠性。

9.4　本章小结

本章首先根据前面章节的数值分析结果，设计了分瓣式密封结构，并且根据l_g尺寸的不同对该分瓣式密封结构进行实验研究，与数值分析计算结果进行比较、分析、讨论，结果表明：l_g尺寸对分瓣式密封装置的影响很重要，调整l_g尺寸是影响分瓣式密封装置耐压能力的关键因素之一。磁性密封胶相比普通密封胶的耐压能力下降幅度不大，说明磁性密封胶并没有因为增加磁性而破坏其黏性耐压性能，根据实验研究结果显示磁性密封胶比普通密封胶的密封可靠性提高了。

本章然后又分别从磁性密封胶样品 1 和样品 2 讨论、分析 d_m 尺寸和 l_d 尺寸不同时其磁性耐压能力和黏性耐压能力以及其理论耐压值与普通密封胶理论耐压值的比较，结果表明：提高了饱和磁化强度的磁性密封胶样品 2 与分瓣式密封装置配合使用时其密封可靠性能优于磁性密封胶样品 1，明显优于普通密封胶，选择磁性密封胶（样品 2），设计分瓣式壳体厚度较薄时，并且设计楔形最大值尺寸较大时，有利于提高分瓣式密封装置的密封可靠性。

本章的研究旨在提高分瓣式结构密封结合处的磁场强度，使得顶点处的磁场强度最强，控制磁性密封胶自动充满整个密封间隙，实验研究结果表明：通过磁场力控制磁性密封胶自动填充楔形密封间隙，能够在分瓣式密封结构装配好后进行，而且填充均匀，与普通密封胶相比提高了密封可靠性。通过模拟计算和实验结果分析，磁性密封胶加入磁性后没有破坏其黏性性能，并且其理论黏性耐压能力下降幅度很小，也论证了通过磁性性能填充，黏性性能耐压的可靠性。

10 结论

本书针对解决大型设备密封装置的拆卸、维修引起的轴密封问题，提出了一种新型的分瓣式密封结构。通过对分瓣式密封结构进行理论推导、模拟计算及实验研究，从而设计出能够满足大型设备轴密封耐压要求的分瓣式结构密封结构，并且研制了两种饱和磁化强度不同的磁性密封胶与该分瓣式密封结构配合使用，通过对分瓣式密封结构间隙处耐压性能的理论计算、模拟计算及实验验证，论证了采用磁性密封胶耐压的可靠性比普通密封胶提高了。主要工作体现在以下几个方面。

（1）分析探讨了分瓣式结构磁性密封胶的背景及意义，分析了采用垫片、普通密封胶、磁性密封胶密封分瓣式结构的优缺点，分析了分瓣式结构泄漏的瓶颈点，研究了磁性密封胶的应用场景，引出将磁性密封胶应用到分瓣式外壳及与内部旋转轴装置连接的轴向密封以及外壳的平面密封。对磁性液体旋转轴密封、磁性密封胶以及分瓣式密封的国内外研究现状进行了总结，总结结果表明：磁性液体旋转轴密封技术已经非常成熟，磁性胶大多局限在制备及其性能的研究，鲜有报道通过设计磁路，将导磁胶应用到结合间隙实现密封的研究。本文通过设计磁路，通过密封间隙内磁场力的作用控制密封胶的填充区域，提高分瓣式结构的密封可靠性。将磁性密封胶应用到分瓣式密封装置具有非常重要的应用价值和经济价值。

（2）制备了两种饱和磁化强度不同的磁性密封胶，并对该磁性密封胶进行了饱和磁化强度和剪切强度表征。概述了胶体密封的基础理论，包括吸附理论、扩散理论、界面张力理论，又介绍了两种典型非牛顿流体 Bingham 流体和 Casson 流体的层流理论，进而推导出磁性密封胶的连续性方程、能量守恒理论、运动方程。推导磁性密封胶的最大胶接剪切力的理论计算公式。假设磁性密封胶受到内部气体压力时，只形成剪切变形；假设磁性密封胶与外部壳体之间的弹性受力与材料各向同性，推导出最大胶接剪切力的理论计算公式。

构建磁性密封胶平面密封结构，画出该结构的交接间隙内的等效磁路，理论推导出每个间隙内的磁感应强度，从而计算磁性密封胶的磁性耐压理论公式。结合磁性密封胶兼具黏性和磁性的特性，推导出磁性密封胶在分瓣式密封装置间隙处的耐压理论公式。

（3）试图解决分瓣式密封的两个关键泄漏点问题，即分瓣式极靴与轴间的密封和分瓣式外壳与极靴密封圈之间的密封问题，分别对两处的磁场进行了仿真分析，分析结果表明：采用磁性密封胶粘接密封分瓣式极靴时的理论密封耐压值远远高于采用普通胶粘接密封分瓣式极靴的理论密封耐压值，但低于完整式极靴的理论密封耐压值，在此基础上，仍然采用磁性密封胶密封粘接分瓣式极靴，保持极齿数量不变的情况下，缩小分瓣式极靴厚度，同时增加两圈磁铁，此时的理论耐压值高于完整式极靴的理论耐压值。针对分瓣式外壳的密封设计了一种新型结构，仍采用磁性密封胶密封，其导磁条宽度尺寸和永磁体宽度尺寸对密封泄漏瓶颈点处的磁场强度有影响，总结计算其理论耐压值，磁性密封胶的黏性耐压能力远远高于磁性耐压能力，磁性密封胶液态时能够在磁场力的作用下均匀填充密封间隙区域，磁性密封胶固态时能起到密封耐压作用。设计磁场充磁方向为水平方向符合设计需求，更有利于分瓣式结构密封。当考虑内部旋转轴磁性液体密封径向方向磁力的磁铁时，该磁铁对外壳分瓣处的磁感应强度分布不会造成干扰。

通过对分瓣式结构密封磁场数值分析，对分瓣式结构磁性密封胶密封装置的设计以及不同分瓣式密封装置的密封性能的评价和界面失效临界应力的预估提供参考，为实验奠定理论基础。

（4）通过模拟计算，预估分瓣式磁性密封胶密封装置的密封间隙处的密封间隙尺寸、密封肩宽尺寸、密封肩高尺寸的最佳范围，为设计和研制分瓣式密封装置提供有力依据。

磁性密封胶在磁场力作用下形成无数条类似密封圈的封闭圆环是针对解决胶体涂抹不均形成泄漏通道而导致密封泄漏的问题，本书分别从密封间隙尺寸、密封肩宽尺寸、密封肩高尺寸、增加多块儿永久磁铁等方面进行模拟计算分瓣式密封装置间隙处磁性密封胶的磁场强度分布图、磁感应强度分布图、磁通密度云图、磁通密度矢量图探讨对分瓣式磁性密封胶密封性能的影响，结果表明，对分瓣式密封装置胶接处的密封间隙尺寸采用 0.2 mm，密封肩宽尺寸采用 1.2 mm，密封肩高尺寸采用 4 mm 时，漏磁现象弱化，磁场梯度差越大，磁力耐压能力越强。

（5）通过模拟计算温度变化时结合面处胶体的受力分析，预估分瓣式结构磁性密封胶密封装置的微观界面形貌、微观界面形貌尺寸，为设计和研制分瓣式密封装置结合面的粗糙度范围提供有力依据。

从微观角度模拟研究分瓣式密封装置所受的最大剪切力是针对其交接面处经常会产生微小的漏气通道而导致密封泄漏的问题，分别从微观界面形貌不同（正弦曲线、折线、凹凸曲线）、正弦曲线形貌界面尺寸不同（微坑深度、微坑宽度、微坑间距）进行了模拟运算，综合模拟计算结果，对分瓣式密封装置的微观界面形貌采用正弦曲线，且其微坑深度为 5 μm，即粗糙度选择 3.2 μm，微观界面处磁性密封胶由于温度变化变形产生的最大剪切力最小，将有利于分瓣式结构密封，这对分瓣式结构磁性密封胶密封装置胶接平面处粗糙度的设计以及界面失效临界应力的预估提供参考。

（6）引起分瓣式密封装置结合面处的密封泄漏问题，主要需解决两点：一是当操作空间特别狭小时，可以先装配上分瓣式密封装置再涂胶，利用磁场力的作用控制磁性密封胶的填充区域；二是分瓣式密封装置存在泄漏瓶颈点，磁性密封胶能够在磁场力的作用下，在泄漏瓶颈点处产生一个微微凸起的分布，能够使磁性密封胶与内部旋转轴密封装置紧密连接。通过对分瓣式结构装置密封结合面处的磁场数值分析，该结构能够有效的解决如上问题。第 8 章从 l_g 尺寸、d_m 尺寸、l_d 尺寸不同时进行模拟计算分瓣式密封装置间隙处磁性密封胶的磁场强度分布图、磁感应强度分布图、磁通密度云图、磁通密度矢量图探讨对分瓣式结构磁性密封胶密封性能的影响，结果表明：随着 l_g 尺寸的增大，漏磁现象越来越明显，永磁体工作点越来越低，密封间隙内磁场变弱；随着 l_d 尺寸的增大，漏磁现象越来越严重，磁场梯度差越来越小，楔形顶点处磁场强度越来越弱；随着 d_m 尺寸的增大，磁场密度越来越小，磁场强度也越来越弱。改变磁铁充磁方向，由原来垂直方向改变为与水平 45° 方向，楔形间隙内的磁场强度明显增强了，这说明 45° 充磁方向有利于将磁性密封胶自动填充到密封区域。模拟计算密封泄漏瓶颈点处的磁感应强度分布及磁通量分布，并且考虑内部旋转轴密封的磁铁对外部磁性密封胶是否有干扰，结果证明不仅没有干扰，还会有较小的提高作用，理论研究采用磁性密封胶对于提高分瓣式结构密封性能的原理。

综合模拟计算结果：对分瓣式密封装置交接处的l_g尺寸采用 0.2 mm，d_m尺寸采用 1 mm，l_d尺寸采用 10 mm，这对分瓣式结构磁性密封胶密封装置的设计以及不同分瓣式密封装置的密封性能的评价和界面失效临界应力的预估提供参考。

（7）设计了分瓣式密封结构，并且根据l_g尺寸的不同对该分瓣式密封结构进行实验研究，与数值分析计算结果进行比较、分析、讨论，结果表明：l_g尺寸对分瓣式密封装置的影响很重要，调整l_g尺寸是影响分瓣式密封装置耐压能力的关键因素之一。磁性密封胶相比普通密封胶的耐压能力下降幅度不大，说明磁性密封胶并没有因为增加磁性而破坏其黏性耐压性能，根据实验研究结果显示磁性密封胶比普通密封胶的密封可靠性提高了。

分别从磁性密封胶样品 1 和样品 2 讨论、分析d_m尺寸和l_d尺寸不同时其磁性耐压能力和黏性耐压能力以及其理论耐压值与普通密封胶理论耐压值的比较，结果表明：提高了饱和磁化强度的磁性密封胶样品 2 与分瓣式密封装置配合使用时其密封可靠性能优于磁性密封胶样品 1，明显优于普通密封胶，选择磁性密封胶（样品 2），设计分瓣式壳体厚度较薄时，并且设计楔形最大值尺寸较大时，有利于提高分瓣式密封装置的密封可靠性。

研究旨在提高分瓣式结构密封结合处的磁场强度，使得顶点处的磁场强度最强，控制磁性密封胶自动充满整个密封间隙，实验研究结果表明：通过磁场力控制磁性密封胶自动填充楔形密封间隙，能够在分瓣式密封结构装配好后进行，而且填充均匀，与普通密封胶相比提高了密封可靠性。通过模拟计算和实验结果分析，磁性密封胶加入磁性后没有破坏其黏性性能，并且其理论黏性耐压能力下降幅度很小，也论证了通过磁性性能填充，黏性性能耐压的可靠性。

参考文献

[1] Krakov M S, Nikiforov I V. Regarding the influence of heating and the Soret effect on a magnetic fluid seal[J]. Journal of Magnetism & Magnetic Materials, 2017, 431: 255–261.

[2] Marinică O, Susanresiga D, Bălănean F, et al. Nano–micro composite magnetic fluids: Magnetic and magnetorheological evaluation for rotating seal and vibration damper applications[J]. Journal of Magnetism & Magnetic Materials, 2016, 406: 137–143.

[3] Chen R, Weng Y, Yang S. Magnetic fluid microstructure curved surface uniform embossing and photocuring process technology[J]. Polymers for Advanced Technologies, 2016, 27（5）: 630–641.

[4] Liu J. Numerical Analysis of Secondary Flow in the Narrow Gap of Magnetic Fluid Shaft Seal Using a Spectral Finite Difference Method[J]. Tribology Transactions, 2016, 59（2）: 1–27.

[5] Radionov A V. Application of Magnetic Fluid Seals for Improving Reliability of Air Coolers[J]. Chemical and Petroleum Engineering, 2015, 51（7）: 481–486.

[6] Mitamura Y, Yano T, Okamoto E. A magnetic fluid seal for rotary blood pumps: Image and computational analyses of behaviors of magnetic fluids[J]. 2013, 2013（2013）: 663–666.

[7] Ocho ń ski W, Szydło Z, Zachara B. Burst pressure of magnetic fluid rotary

shafts seals.[J]. Komitet Budowy Maszyn Pan, 2000, 35（3）: 145–156.

[8] Mitkova T, Tobiska L. Isoparametric finite element approximation of the flow in magnetic fluid rotary shaft seals[J]. Pamm, 2004, 4（1）: 647–645.

[9] Szydło, Zbigniew, Matuszewski, Leszek. Experimental research on effectiveness of the magnetic fluid seals for rotary shafts working in water[J]. Polish Maritime Research, 2007, 14（4）: 53–58.

[10] Kim Y S, Lee J H. Application of a hydrophilic Fe–Co magnetic fluid to the oil seal of a rotary shaft[C]. IEEE International Symposium on Industrial Electronics, 2001. Proceedings. ISIE. IEEE Xplore, 2001, 1: 537–542.

[11] Mitamura Y, Takahashi S, Amari S, et al. A magnetic fluid seal for rotary blood pumps: Long–term performance in liquid[J]. Physics Procedia, 2010, 9（1）: 229–233.

[12] 李德才, 张秀敏, 高欣. 大间隙磁性液体静密封研究 [J]. 机械工程学报, 2011, 47（16）: 193–198.

[13] 杨小龙, 李德才, 何新智, 等. 大间隙磁性液体与迷宫交替式组合密封的数值及试验研究 [J]. 机械工程学报, 2014, 50（20）: 175–179.

[14] 何新智, 李德才, 郝瑞参. 屈服应力对磁性液体密封性能的影响 [J]. 兵工学报, 2015, 36（1）: 175–180.

[15] 李德才. 压缩机活塞杆磁性液体密封设计与试验研究 [J]. 机械工程学报, 2011, 47（10）: 133–138.

[16] 杨小龙, 李德才, 邢斐斐. 大间隙多级磁源磁性液体密封的实验研究 [J]. 兵工学报, 2013, 34（12）: 1620–1624.

[17] Boyson S. Reliability performance of split seal technology when combined with a centrifugal flow device[J]. Sealing Technology, 2007, 1（7）: 7–10.

[18] 孟祥前. 分瓣式磁性液体密封的理论及实验研究 [D]. 北京交通大学, 2014: 1–5.

[19] 李德才. 磁性液体密封理论及应用 [M]. 北京: 科学出版社, 2003: 457–460.

[20] Dobroserdova A B, Kantorovich S S. Self–diffusion in monodisperse three-dimensional magnetic fluids by molecular dynamics simulations[J]. Journal of Magnetism & Magnetic Materials, 2017, 431: 177–179.

[21] I. M. Aref'ev, A. G. Ispiryan, S. A. Kunikin, et al. Magnetic properties of undecane–based magnetic fluids[J]. Technical Physics, 2017, 62（4）: 517–522.

[22] Pshenichnikov A, Lebedev A, Lakhtina E, et al. Effect of centrifugation on dynamic susceptibility of magnetic fluids[J]. Journal of Magnetism & Magnetic Materials, 2017, 432: 30–36.

[23] Kanbara S, Adaniya T. Magnetic force sealant for plating tank: US, US3939799[P]. 1976.

[24] Smith M R, Walters K D. Magnetic particle integrated adhesive and associated method of repairing a composite material product: US, US5833795[P]. 1998.

[25] Downes F J, Japp R M, Pierson M V. Chip C4 assembly improvement using magnetic force and adhesive: US, US6142361[P]. 2000.

[26] Milne R H. Magnetic adhesive and removal apparatus and method: US, US 6171107 B1[P]. 2001.

[27] Wegert T A, Cary K. Robotically places and formed magnetic adhesive gaskets: US, US20040075222[P]. 2004.

[28] Nagasawa M, Nagaya K, Ando Y. Development of a Vehicle Moving Along Wall and Ceiling by Using Magnetic Adhesive Force[J]. Journal of the Japan Society of Applied Electromagnetics, 2006, 14（3）:317–324.

[29] Kassab G S, Navia J A S. Endovascular perlaortic magnetic glue delivery: US, WO/2008/091561[P]. 2008.

[30] Nagaya K, Kubo K, Yoshino T, et al. Inspection robot climbing vertical cross piping using magnetic adhesive mechanism[J]. Journal of Optoelectronics & Advanced Materials, 2008, 10（5）:1069–1074.

[31] Lowy J, Lowy L. Adhesive magnetic system: US, US 20120283588 A1[P]. 2012.

[32] Ross A. Magnetic sealant liner applicator for applying sealant to various sizes of metal lids: US, CA 2533923 C[P]. 2012.

[33] Hanley J L, Boos R C. Dry expansible sealant and baffle composition and product: US, US 5373027 A[P]. 1994.

[34] Domer C L, Bader J A. Use of spray-able anti-tack coating for puncture sealant tire application: US, US 20030230369 A1[P]. 2003.

[35] Shih P H. Method for curing sealant of a liquid crystal display with peripheral circuits: US, US20040246430[P]. 2004.

[36] Barrows T H, Lewis T W, Truong M T, et al. Adhesive sealant composition: EP, USRE38827[P]. 2005.

[37] Ferri L A, Golden D L. Hot melt sealant containing desiccant for use in photovoltaic modules : US, WO/2009/085736[P]. 2009.

[38] Huspeni P J, Liu Z. Sealant gel for a telecommunication enclosure: EP, US 20090211810 A1[P]. 2009.

[39] Reddy R B, Sweatman R E, Gordan C L. Sealant compositions comprising solid latex: US, US 20100035772 A1[P]. 2010.

[40] Lee S B. Sealant dispensing apparatus and method for manufacturing liquid crystal display device using the same: US, US7830491[P]. 2010.

[41] Zhao H, Liang J. Method and device for dispensing sealant and LCD panel: US, US 8223308 B2[P]. 2012.

[42] 丁谦益,潘庆弘,杨继谦.一种用于空调机上的密封胶:CN, CN 1113258 A[P]. 1995.

[43] 陈福泰,白渝平.一种硅烷改性聚氨酯粘接密封胶及其制备方法:CN, CN1594480[P]. 2005.

[44] 刘永祥.蓄电池密封胶:CN , CN 101007937 A[P]. 2007.

[45] 张意田,梁银生,陈炳强,等.单组份耐高温硅酮密封胶:CN, CN

101250391 A[P]. 2008.

[46] 玲洪 , 陈栋梁 . 膨胀阻燃有机硅密封胶及其制造方法 : CN, 101368080 A[P]. 2009.

[47] 任正义 , 侯兴习 , 吕孝永 , 等 . 快速固化单组份聚氨酯密封胶及其制备方法 : CN, 101818040 A[P]. 2010.

[48] 余建平 . 一种单组分硅烷改性聚氨酯密封胶及其制备方法 : CN, CN102146275A[P]. 2011.

[49] 徐古月 , 徐文俊 , 王栋葆 , 等 . 一种单组份阻燃型硅烷改性聚醚密封胶及其制备方法 : CN, CN 102660214 A[P]. 2012.

[50] Milne R H. Magnetic adhesive and removal apparatus and method: US, US 6171107 B1[P]. 2001.

[51] 孟静 . Magnetic adhesive: CN, CN 103642454 A[P]. 2014.

[52] Allan R. Magnetic sealant liner application applying sealant to various sizes of metallids: US, WO2004US05587[P]. 2004.

[53] 李昂 . 磁粉与磁性橡胶 [J]. 特种橡胶制品 , 2003, 24（3）: 27–28.

[54] 魏迪永 . 高阻尼永磁磁性橡胶的研究 [D]. 浙江大学 , 2013.

[55] 文榜才 . Zn–γ–FeO 磁性溶胶—凝胶体系的制备及性质研究 [D]. 西南大学 , 2010: 15.

[56] 张保岗 . 丁腈橡胶微观结构与性能及高性能丁腈磁性橡胶的制备研究 [D]. 青岛科技大学 , 2013.

[57] 江涌 . SrFe12O19/NBR 磁性纳米橡胶的制备与性能研究 [D]. 中北大学 , 2011.

[58] 班恩军 . 卷绕铁心的切割间隙与导磁胶补偿[J]. 航天制造技术 , 1990(5): 27–30.

[59] 黄东岩 . 基于磁性技术的无损检测方法研究 [D]. 吉林大学 , 2012.

[60] 蔡永源 . 特种胶粘剂及其粘接技术 [J]. 热固性树脂 , 1990（4）: 37–43.

[61] 刘明海 . BaO·6FeO 丁腈磁性橡胶摩擦磨损性能研究 [D]. 兰州理工大

学, 2007.

[62] Kanbara S, Adaniya T. Magnetic force sealant for plating tank: US, US3939799[P]. 1976.

[63] Harrison B L, Wall R J. Hot melt, synthetic, magnetic sealant: US, US 4693775 A[P]. 1987.

[64] Harrison B. Hot melt magnetic sealant, method of making and method of using same: US, US 4749434 A[P]. 1988.

[65] Harrison B. Expandable magnetic sealant: US, US 4769166 A[P]. 1988.

[66] 赵勇 . 257-12 常温固化导磁胶的研究 [J]. 航天制造技术 , 1988（1）: 55–59.

[67] 赵勇 . 257-13 导磁胶的研究 [J]. 宇航材料工艺 , 1987（4）: 33–35.

[68] 王银玲 . 橡胶基金属铁粒子复合材料的制备及其作为磁流变弹性体在安全工程中应用的研究 [D]. 中国科学技术大学 , 2006.

[69] 安晓英 . NdFeB 磁性丁腈橡胶复合材料的性能研究 [D]. 兰州理工大学 , 2008.

[70] 游英才 . 磁性胶粘剂的研制 [D]. 电子科技大学 , 2013: 41.

[71] 周辉 . Fe78Si13B9 非晶粉体 / 硅橡胶复合材料薄膜压磁及磁弹性能研究 [D]. 南昌大学 , 2013.

[72] 胡海波 . 胶态光子晶体的磁诱导组装制备与应用研究 [D]. 中国科学技术大学 , 2013.

[73] 刘伟德 , 刘其林 , 姜疆 , 等 . 导磁性胶水及其应用 , Magnetic conductive glue and its application: CN, CN 102942886 B[P]. 2015.

[74] 魏龙 . 密封技术 [M]. 北京 : 化学工业出版社 , 2010: 33.

[75] 张园 , 杨启明 . 一种新型釜用剖分式机械密封装置设计 [J]. 化工机械 , 2009, 36（2）: 97–99.

[76] 李振环 , 朱宝良 . 釜用剖分式无油润滑密封装置的研究 [J]. 润滑与密封 , 1999（1）: 48–50.

[77] 许良弼 , 仇正南 , 王生龙 , 等 . 防沙剖分式潜艇艉轴管密封装置 : CN, CN

2623973[P]. 2004.

[78] 马将发, 王雅娟, 徐润清. 垂直剖分式筒型离心压缩机 : CN, CN 2756872 Y[P]. 2006.

[79] 孙见君, 涂桥安, 徐兆军. 剖分式机械密封技术研究进展 [J]. 润滑与密封, 2009, 34（10）: 97–99.

[80] 李树生, 童川. 一种带芯 O 形圈整体剖分式机械密封装置 : CN, CN 201844026 U[P]. 2011.

[81] 刘建红, 徐卫平, 邱召佩, 等. 剖分式 V 形组合圈 : CN, CN 201934669 U[P]. 2011.

[82] 张萌, 郑建华, 王基. 船舶艉轴剖分式机械密封结构分析 [J]. 流体机械, 2013（9）: 17–19.

[83] 陶凯, 涂桥安, 孙见君, 等. 基于 ANSYS 的剖分式机械密封变形分析 [J]. 润滑与密封, 2014（3）: 87–90.

[84] Kosatka T O. Split seal: US, US2558183[P]. 1951.

[85] Washburn G F. Split seal: US, US 3076655 A[P]. 1963.

[86] Pow M A. Split seal: US, US 6076832 A[P]. 2000.

[87] Pekarsky L, Chow Y, Gardner G, et al. Method for assembling components using split seal: US, US 7010844 B2[P]. 2006.

[88] Gamache M, Yi C S. NON–CONTACT SPLIT SEAL: US, US 20150219221[P]. 2015.

[89] Teodosiu D G. Split seal for a shaft: US, US 9279501 B2[P]. 2016.

[90] Krakov M S, Nikiforov I V. Effect of diffusion of magnetic particles on the parameters of the magnetic fluid seal: A numerical simulation[J]. Magnetohydrodynamics, 2014, 50（1）: 35–43.

[91] 邹继斌, 陆永平. 磁性流体密封原理与设计 [M]. 北京 : 国防出版社, 2000.

[92] Yang X L, Li D C, Yang W M, et al. Design and Calculation of Magnetic Liquid Seal with Rectangular Pole Teeth[J]. Key Engineering Materials,

2011, 492:287–290.

[93] Radionov A, Podoltsev A, Zahorulko A. Finite–Element Analysis of Magnetic Field and the Flow of Magnetic Fluid in the Core of Magnetic–Fluid Seal for Rotational Shaft[J]. Procedia Engineering, 2012, 39（11）: 327–338.

[94] Ming C, Wen H, Yu D U, et al. Coaxial Twin–shaft Magnetic Fluid Seals Applied in Vacuum Wafer–Handling Robot[J]. Chinese Journal of Mechanical Engineering, 2012, 25（4）: 707–714.

[95] Yang X, Li D, Yang W, et al. Design of Magnetic Circuit and Simulation of Magnetic Fluid Sealing[J]. Chinese Journal of Vacuum Science & Technology, 2012, 124（1）: 90–93.

[96] Zou J B, Ying S G, Hui H J, et al. Optimization Design of Magnetic Fluid Seals[J]. Tribology, 2000, 20（5）: 379–382.

[97] Mikhalev I, Lyssenkov S. Magnetic fluid seal apparatus for a rotary shaft: US, US5954342[P]. 1999.

[98] R.E.Rosensweig. Ferrohydrodynamics[M]. New York: Cambridge University Press, 1985.

[99] Vinogradova A, Naletova V, Turkov V. Magnetic Fluid Bridge between Coaxial Cylinders with a Line Conductor in Case of Wetting[J]. Solid State Phenomena, 2015, 233–234（1）: 68–73.

[100] Tang X, Hong R Y, Feng W G, et al. Ethylene glycol assisted hydrothermal synthesis of strontium hexaferrite nanoparticles as precursor of magnetic fluid[J]. Journal of Alloys & Compounds, 2013, 562（6）: 211–218.

[101] Gladkikh D V, Dikansky Y I, Kolesnikova A A. Structural Organization in Magnetic Fluids with Magnetized Aggregates in Rotating Magnetic Field[J]. Solid State Phenomena, 2015, 233–234: 318–322.

[102] 张少兰, 李德才. 一种用于制备磁性液体的包金纳米磁性颗粒的制备方

法 , CN 101789296 B[P]. 2011.

[103] 沈辉 , 徐雪青 , 王伟 . 磁性液体表面形貌与颗粒排列结构的电子显微镜观察 [J]. 中国科学 : 技术科学 , 2003, 33（1）: 25.

[104] 李建 , 赵保刚 , 李海 , 等 . 共沉淀 – 酸蚀法制备磁性液体及其微粒分析 [J]. 西南师范大学学报自然科学版 , 2000, 25（4）: 397–398.

[105] 孙启凤 , 徐雪青 , 沈辉 , 等 . 羧甲基壳聚糖改性水基 Fe_3O_4 磁性液体的研制 [J]. 材料科学与工程学报 , 2005, 23（6）: 857–858.

[106] 刘雪莉 , 杨庆新 , 杨文荣 , 等 . 磁性液体磁粘特性的研究 [J]. 功能材料 , 2013, 44（24）: 3557–3557.

[107] Patel J R, Deheri G M. A coMParison of porous structures on the performance of a magnetic fluid based rough short bearing[J]. Tribology in Industry, 2013, 35（3）: 177–189.

[108] 刘雪莉 , 杨庆新 , 杨文荣 , 等 . 磁性液体磁粘特性的研究 [J]. 功能材料 , 2013, 44（24）: 3557–3557.

[109] Bullivant J P, Shan Z, Willenberg B J, et al. Materials Characterization of Feraheme/Ferumoxytol and Preliminary Evaluation of Its Potential for Magnetic Fluid Hyperthermia[J]. International Journal of Molecular Sciences, 2013, 14（9）: 17501–17510.

[110] Marton K, Tomčo L, Cimbala R, et al. Magnetic fluid in ionizing electric field[J]. Journal of Electrostatics, 2013, 71（3）: 467–470.

[111] Seo J H, Lee M Y, Seo L S. Study of Natural Convection of Magnetic Fluid in Cubic Cavity[J]. Transactions of the Korean Society of Mechanical Engineers B, 2013, 37（7）: 637–646.

[112] 孙正滨 , 杨慧慧 , 熊忠 , 等 . 磁性纳米粒子制备及其在印染厂污水处理中的应用 [J]. 科技导报 , 2010, 28（22）: 25–28.

[113] 黄海舰 , 黄英 , 韩调整 . 磁性离子液体的物性及其影响因素 [J]. 磁性材料及器件 , 2013（1）: 61–67.

[114] 贾秀鹏 . 磁流体在肿瘤学治疗领域的应用进展 [J]. 国际肿瘤学杂志 , 2002, 29（3）: 187–190.

[115] 舒碧芬 , 沈辉 , 陈美园 , 等 . 纳米磁性液体对多元多相体系结晶特性的影响 [J]. 中国科学 : 化学 , 2007, 37（6）: 569–574.

[116] 莫冰玉 , 唐玉斌 , 陈芳艳 , 等 . 磁性活性炭的制备及其对水中甲基橙的吸附 [J]. 环境工程学报 , 2015, 9（4）: 1863–1868.

[117] Polunin V M, Boev M L, Tan M M, et al. Elastic properties of a magnetic fluid with an air cavity retained by levitation forces[J]. Acoustical Physics, 2013, 59（1）: 57–61.

[118] 何新智 , 李德才 . 磁性液体在传感器中的应用 [J]. 电子测量与仪器学报 , 2009, 23（11）: 108–114.

[119] Berkowitz A, Lahut J, Vanburen C. Properties of magnetic fluid particles[J]. IEEE Transactions on Magnetics, 1980, 16（2）: 187–190.

[120] Agrawal V K. Magnetic fluid based porous inclined slider bearing. WEAR[J]. Wear, 1986, 107（2）: 133–139.

[121] Bacri J C, Cebers A, Bourdon A, et al. Forced Rayleigh experiment in a magnetic fluid.[J]. Entity Review Letters, 1995, 74（25）: 5032.

[122] Mitsumata T, Ikeda K, Gong J P, et al. Magnetism and compressive modulus of magnetic fluid containing gels[J]. Journal of Applied Physics, 1999, 85（12）: 8451–8455.

[123] Pu S, Chen X, Chen L, et al. Tunable magnetic fluid grating by applying a magnetic field[J]. Applied Physics Letters, 2005, 87（2）: 2828.

[124] Ota S, Yamada T, Takemura Y. Dipole–dipole interaction and its concentration dependence of magnetic fluid evaluated by alternating current hysteresis measurement[J]. Journal of Applied Physics, 2015, 117（17）: R167.

[125] Rabinow J. The magnetic fluid clutch[J]. Electrical Engineers Journal of the Institution of, 2015, 67（12）: 1167–1167.

[126] Rosensweig R E. Heating magnetic fluid with alternating magnetic field[J]. Journal of Magnetism & Magnetic Materials, 2002, 252（1–3）: 370–374.

[127] 李德才, 钱乐平. 一种磁性液体加速度传感器: CN, CN 103149384 A[P]. 2013.

[128] 李德才, 谢君. 一种提高磁性液体微压差传感器灵敏度的方法: CN, CN 103175650 A[P]. 2013.

[129] 李德才, 谢君. 提高磁性液体密封耐压能力的磁性液体: CN, CN 102042412 A[P]. 2011.

[130] 李德才, 崔红超, 张志力. 一种全氟聚醚油基磁性液体: CN, CN 103680799 A[P]. 2014.

[131] 李德才, 姚杰. 一种磁性液体阻尼减振器: CN, CN 103122960 A[P]. 2013.

[132] 许孙曲, 许菱. 磁性液体密封研究的现状与趋势 [J]. 磁性材料及器件, 1998（3）: 33–37.

[133] 王晨, 胡军, 罗伟, 等. 磁性液体的研究进展 [J]. 金属功能材料, 2003, 10（4）: 80.

[134] Razdowitz A. Rotary joint: US, US 2557140 A[P]. 1951.

[135] Barrett J S, Martin Iii W G, Trickey P H. Magnetic field responsive coupling device with cooling means: US, US2791308[P]. 1957.

[136] 梁志华, 裴宁, 邓朝阳. 磁流体密封技术应用的现状与展望 [J]. 润滑与密封, 2000, 1: 63.

[137] 李德才, 袁祖贻. 磁流体密封齿型的理论分析与实验 [J]. 流体机械, 1995, 23（12）: 3–7.

[138] 胡松青, 杨辉, 杨渭. 磁性液体及应用 [J]. 周口师范学院学报, 2003, 20（2）: 20–22.

[139] 王安蓉. 磁性液体及其应用 [M]. 西南交通大学出版社, 2010.

[140] 牛晓坤, 钟伟. 磁性液体的应用 [J]. 化学工程师, 2004, 18（12）: 45–47.

[141] 刘思林, 滕荣厚, 于英仪, 等. 磁性液体的应用 [J]. 金属功能材料, 1999,

6（2）: 55-58.

[142] 刘思林, 滕荣厚, 于英仪. 磁性液体的制备及应用 [J]. 粉末冶金工业, 2000, 10（5）: 32-39.

[143] 尹荔松, 沈辉. 磁性液体的特性及其在选矿中的应用 [J]. 矿冶工程, 2002, 22（3）: 51-53.

[144] 何新智, 李德才. 磁性液体在传感器中的应用 [J]. 电子测量与仪器学报, 2009, 23（11）: 108-114.

[145] 孙明礼, 李德才, 郝瑞参, 等. 磁性液体管道流动的数值模拟 [C]. 中国功能材料及其应用学术会议. 2007: 1231-1233.

[146] Sato K. Magnetic fluid sealing device: US, US 4605233 A[P]. 1986.

[147] Takahashi A. Magnetic fluid sealing apparatus for a magnetic disk drive: US, US 5057952 A[P]. 1991.

[148] Yokouchi A, Matsunaga S. Magnetic fluid sealing device: US, US 5215313 A[P]. 1993.

[149] Ishizaki H, Tsuda S. Magnetic fluid sealing device: US, US 5876037 A[P]. 1999.

[150] Shimazaki Y, Akiyama K. Magnetic fluid sealing device: EP, US7950672[P]. 2011.

[151] Yang Y, Ng E J, Chen Y, et al. A Unified Epi-Seal Process for Fabrication of High-Stability Microelectromechanical Devices[J]. Journal of Microelectromechanical Systems, 2016, 25（3）: 489-497.

[152] 陈燕, 李德才. 坦克周视镜磁性液体密封的设计与实验研究 [J]. 兵工学报, 2011, 32（11）: 1428-1432.

[153] 王智森. 机械—磁性液体组合密封的理论及实验研究 [D]. 北京交通大学, 2016.

[154] 何新智, 李德才, 孙明礼, 等. 大直径法兰磁性液体静密封的实验研究[J]. 真空科学与技术学报, 2008, 28（2）: 355-359.

[155] 方扬 . 真空镀膜机用磁性液体真空密封装置设计及实验研究 [D]. 北京交
通大学 , 2008.

[156] 李德才 , 宋登轩 , 袁祖贻 , 等 . 磁性液体静止密封耐压能力的理论计算与
实验研究 [C]. 全国摩擦学学术会议 , 1997: 543–545.

[157] 黄刚 . 磁性液体在工业润滑与密封中的开发应用 [J]. 润滑与密封 , 1993,
（ 6 ）: 38–42.

[158] Liu T, Cheng Y, Yang Z. Design optimization of seal structure for sealing
liquid by magnetic fluids[J]. Journal of Magnetism & Magnetic Materials,
2005, 289: 411–414.

[159] Liu T G, Yang Z Y. Design Optimization of Seal Structure of Liquid Sealing
by Magnetic Fluids[J]. Tribology, 2003, 23 （ 4 ）: 353–355.

[160] 李德才 , 兰惠清 , 白晓旭 , 等 . 往复轴磁性液体密封间隙内磁性液体流
动机理的研究 [J]. 功能材料 , 2003, 34 （ 2 ）: 151–152.

[161] Zhang H T, Li D C. Analysis of Split Magnetic Fluid Plane Sealing
Performance[J]. Journal of Magnetics, 2017, 22: 133–140.

[162] Zhang H, Li D C, Wang Q, et al. Theoretical Analysis and Experimental
Study on Breakaway Torque of Large–diameter Magnetic Liquid Seal at Low
Temperature[J]. Chinese Journal of Mechanical Engineering, 2013, 26 （ 4 ）:
695–700.

[163] Yang X L, Li D C, Yang W M, et al. Design and Calculation of Magnetic
Liquid Seal with Rectangular Pole Teeth[J]. Key Engineering Materials,
2011, 492: 287–290.

[164] 邹继斌 , 陆永平 . 离心力在旋转轴磁性流体密封中的作用 [J]. 润滑与密
封 , 1990 （ 1 ）: 2-4.

[165] 张世伟 , 李云奇 . 转轴偏心与磁流体密封耐压的关系 [J]. 润滑与密封 ,
1995 （ 1 ）: 55–59.

[166] 张金升 , 尹衍升 , 张淑卿 , 等 . 磁性液体及其密封应用研究综述 [J]. 润滑

与密封 , 2003（4）: 93–95.

[167] Li D, Xu H, He X, et al. Theoretical and experimental study on the magnetic fluid seal of reciprocating shaft[J]. Journal of Magnetism & Magnetic Materials, 2005, 289（289）: 399–402.

[168] 陈达畅 , 程西云 . 基于磁液表面张力磁流体密封模型的研究 [J]. 润滑与密封 , 2005（5）: 117–120.

[169] 沈钟 , 赵振国 , 王果庭 . 胶体与表面化学 [M]. 北京 : 化学工业出版社 . 2004: 97–104.

[170] 顾继友 . 胶黏剂与涂料 [M]. 北京 : 中国林业出版社 , 2012: 8–18.

[171] 沈仲棠 , 刘鹤年 . 非牛顿流体力学及其应用 [M]. 高等教育出版社 , 1989: 51–58.

[172] 李德才 . 磁性液体理论及应用 [M]. 北京 : 科学出版社 , 2003: 457–460.

[173] Volkersen O.Die Nietkraftverteilung in zugbeanspruchten nietverbindungen mit konstanten laschenquerschnitten[J].Luftfahrtforschung, 1938, 15（1/2）: 41–68.

[174] Adams R D, Wake W C. Structural adhesive joints in engineering[M]. 2nd ed. London: Chapman & Hall, 1997: 21–25.

[175] 池长青 . 铁磁流体动力学 [M]. 北京 : 北京航空航天大学出版社 , 1993.

[176] Zhao M, Zou J B, Hu J H, et al. An analysis on the magnetic liquid seal capacity[J]. Journal of Magnetism and magnetic Materials, 2006, 303: 428–431.

[177] 刘后桂 . 密封技术 [M]. 湖南科学技术出版社 , 1981: 190.